国家职业技能等级认定培训教材

高技能人才培养用书

西式面点师

（初 级）

国家职业技能等级认定培训教材编审委员会 组编

王 森 主编

U0378939

机械工业出版社

CHINA MACHINE PRESS

本书依据《国家职业技能标准　西式面点师（2018 年版）》的要求，按照标准、教材、试题相衔接的原则编写，介绍了初级西式面点师应掌握的技能和相关知识，涉及混酥类点心制作、面包制作、蛋糕制作、甜品制作等内容，并配有模拟题、模拟试卷及答案。本书配套多媒体资源，可通过封底"天工讲堂"刮刮卡获取。

本书理论知识与技能训练相结合，图文并茂，适用于职业技能等级认定培训、中短期职业技能培训，也可供中高职、技工院校相关专业师生参考。

图书在版编目（CIP）数据

西式面点师：初级 / 王森主编. — 北京：机械工业出版社，2022.1
（高技能人才培养用书）
国家职业技能等级认定培训教材
ISBN 978-7-111-69810-4

Ⅰ.①西… Ⅱ.①王… Ⅲ.①西点-制作-职业技能-鉴定-教材
Ⅳ.①TS972.116

中国版本图书馆CIP数据核字（2021）第251345号

机械工业出版社（北京市百万庄大街22号　邮政编码100037）
策划编辑：卢志林　范琳娜　　责任编辑：卢志林　范琳娜　单元花
责任校对：孙莉萍　　　　　　　封面设计：刘术香等
责任印制：单爱军
北京尚唐印刷包装有限公司印刷

2022年3月第1版第1次印刷
184mm×260mm·8印张·149千字
标准书号：ISBN 978-7-111-69810-4
定价：49.80元

电话服务　　　　　　　　　网络服务
客服电话：010-88361066　　机　工　官　网：www.cmpbook.com
　　　　　010-88379833　　机　工　官　博：weibo.com/cmp1952
　　　　　010-68326294　　金　书　网：www.golden-book.com
封底无防伪标均为盗版　　机工教育服务网：www.cmpedu.com

序

新中国成立以来，技术工人队伍建设一直得到了党和政府的高度重视。20世纪五六十年代，我们借鉴苏联经验建立了技能人才的"八级工"制，培养了一大批身怀绝技的"大师"与"大工匠"。"八级工"不仅待遇高，而且深受社会尊重，成为那个时代的骄傲，吸引与带动了一批批青年技能人才锲而不舍地钻研技术、攀登高峰。

进入新时期，高技能人才发展上升为兴企强国的国家战略。从2003年全国第一次人才工作会议，明确提出高技能人才是国家人才队伍的重要组成部分，到2010年颁布实施《国家中长期人才发展规划纲要（2010—2020年）》，加快高技能人才队伍建设与发展成为举国的意志与战略之一。

习近平总书记强调，劳动者素质对一个国家、一个民族发展至关重要。技术工人队伍是支撑中国制造、中国创造的重要基础，对推动经济高质量发展具有重要作用。党的十八大以来，党中央、国务院健全技能人才培养、使用、评价、激励制度，大力发展技工教育，大规模开展职业技能培训，加快培养大批高素质劳动者和技术技能人才，使更多社会需要的技能人才、大国工匠不断涌现，推动形成了广大劳动者学习技能、报效国家的浓厚氛围。

2019年国务院办公厅印发了《职业技能提升行动方案（2019—2021年）》，目标任务是2019年至2021年，持续开展职业技能提升行动，提高培训针对性实效性，全面提升劳动者职业技能水平和就业创业能力。三年共开展各类补贴性职业技能培训5000万人次以上，其中2019年培训1500万人次以上；经过努力，到2021年底技能劳动者占就业人员总量的比例达到25%以上，高技能人才占技能劳动者的比例达到30%以上。

目前，我国技术工人（技能劳动者）已超过2亿人，其中高技能人才超过5000万人，在全面建成小康社会、新兴战略产业不断发展的今天，建设高技能人才队伍的任务十分重要。

机械工业出版社一直致力于技能人才培训用书的出版，先后出版了一系列具有行业影响力，深受企业、读者欢迎的教材。欣闻配合新的《国家职业技能标准》又编写了"国家职业技能等级认定培训教材"。这套教材由全国各地技能培训和考评专家编写，具有权威性和代表性；将理论与技能有机结合，并紧紧围绕《国家职业技能标准》的知识要求和技能要求编写，实用性、针对性强，既有必备的理论知识和技能知识，又有考核鉴定的理论和技能题库及答案；而且这套教材根据需要为部分教材配备了二维码，扫描书中的二维码便可观看相应资源；这套教材还配合机工教育、天工讲堂开设了在线课程、在线题库，配套齐全，编排科学，便于培训和检测。

这套教材的出版非常及时，为培养技能型人才做了一件大好事，我相信这套教材一定会为我国培养更多更好的高素质技术技能型人才做出贡献！

中华全国总工会副主席

高凤林

前言

为了进一步贯彻《国务院关于大力推进职业教育改革与发展的决定》精神，推动西式面点师职业培训和职业技能等级认定的顺利开展，规范西式面点师的专业学习与等级认定考核要求，提高职业能力水平，针对职业技能等级认定所需掌握的相关专业技能，组织有一定经验的专家编写了《西式面点师》系列培训教材。

本书以国家职业技能等级认定考核要点为依据，全面体现"考什么编什么"，有助于参加培训的人员熟练掌握等级认定考核要求，对考证具有直接的指导作用。在编写中根据本职业的工作特点，以能力培养为根本出发点，采用项目模块化的编写方式，以初级西式面点师需具备的4大技能——混酥类点心制作、面包制作、蛋糕制作、甜品制作来安排项目内容。内容细分为面团调制、生坯成型、产品成熟等理论知识和技能训练，详细讲解不同面坯制品的制作工艺，引导学习者将理论知识更好地运用于实践中去，对于提高从业人员的基本素质，掌握西式面点的核心知识与技能有直接的帮助和指导作用。

本书由王森担任主编，张婷婷、栾绮伟、霍辉燕、于爽、向邓一、张姣参与编写。

本书编写期间得到了国家职业技能等级认定培训教材编审委员会、苏州王森食文化传播有限公司、广东瀚文书业有限公司、山东瀚德圣文化发展有限公司等组织和单位的大力支持与协助，提出了许多十分中肯的意见，使本书在原来的基础上又增加了新知识，在此一并感谢！

由于编者水平有限，书中难免存在不妥之处，恳请广大读者提出宝贵意见和建议。

编　者

目录

序
前言

项目 2
面包制作

项目 3
蛋糕制作

项目 4
甜品制作

项目 1

混酥类点心制作

▼ ▼ ▼

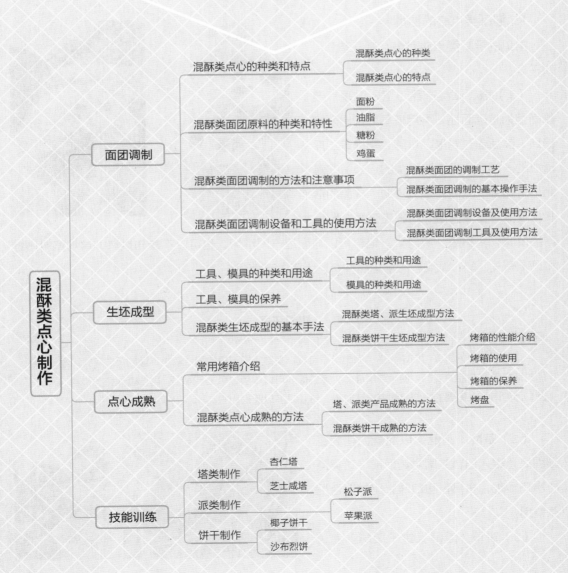

1.1 面团调制

　　混酥类面团是西式点心中的一个重要分支，属于酥性面团，在制作中使用的主要材料有油脂、面粉、糖、鸡蛋、盐等，经过混合调制形成面团，以此为基础，可以搭配多种辅料、馅料等，通过制形、烘烤、装饰等工序后成型。

　　混酥类糕点是西式点心中较为常见的一类产品。

1.1.1 混酥类点心的种类和特点

1. 混酥类点心的种类

　　常见的混酥类点心有塔、派、茶酥、饼干等。

　　（1）塔、派类产品　塔、派是以混酥面团为基础面坯，再用模具切割出所需面坯，然后通过制形、烘烤、装饰等工序形成的一类含水果或馅料类的点心。在其制形过程中一般需要模具辅助，成品的形状与模具有直接关系。内部夹馅直接影响

混酥-芝士塔

混酥-芝士派

产品口味，多见甜、咸两类。馅料可以与面坯一同烘烤，也可以不参与烘烤，这与馅料质地和风味有关。塔、派类产品常见品种有芝士塔、芝士派。

知识拓展

塔和派的区别⋯⋯⋯⋯⋯⋯⋯⋯⋯⋯⋯⋯⋯⋯⋯⋯⋯⋯⋯⋯⋯⋯⋯⋯⋯⋯⋯⋯⋯⋯⋯⋯⋯⋯⋯

　　传统制作中，塔以甜口味为主，派则可甜可咸；多数情况下塔的尺寸较小，派的尺寸可大可小；一般塔的面坯是在产品的底部，使用单层面团，派的面坯可以单层也可上下双层，内部裹入各类馅料，如国王派；目前市场上见到的塔产品的变形比较多，派还是多以圆形为主。

　　（2）茶酥　茶酥是以混酥面团为基础面坯，裹入馅料共同烘烤而成，这类点心小巧玲珑，多是香甜口味，比较适合配茶食用。

　　（3）饼干　混酥类饼干口味多变，

茶酥-茶月饼

饼干

可以在材料混合阶段加入抹茶粉、可可粉、坚果、杂粮等风味材料，后期通过制形、烘烤完成产品制作。

2. 混酥类点心的特点

混酥类点心也称干点心，是一种不分层次的酥点，与中式糕点中的酥类糕点有些相似，黄油和糖的使用量比较大。

制作混酥类点心时，搭配不同的材料可以制作出不同风味的产品，常见的有甜、咸两类口味。混酥类点心成品中的面饼无层次，产品具有较为鲜明的酥、松、脆等特点。

1.1.2 混酥类面团原料的种类和特性

1. 面粉

用于制作混酥类面团的面粉宜使用面筋含量较低的面粉，即低筋面粉。

低筋面粉在与其他材料混合时，通过搅拌不易产生筋力，能够最大限度地保持产品的酥松度。如果使用的面粉蛋白质含量较高的话，通过搅拌后面团极易产生过大的筋力，那么在

知识拓展

小麦与小麦粉

一颗完整的小麦由四个部分组成：顶毛（小麦须）、胚乳、胚芽和麸皮。其中，顶毛在最初小麦脱粒时就已去除，剩余的三个部分在后期的面粉制作工艺中存在的数量决定了面粉的品质。

小麦的麸皮：在高倍显微镜下可以看出小麦的麸皮分为外皮和种子种皮，其中，外皮的灰分（矿物质）含量为1.8%~2.2%，种子种皮的灰分含量为7%~11%。基于此，麸皮的含量在面粉中可以用灰分含量来表示。有些国家的小麦粉是以灰分含量作为面粉品质区分标准之一的。

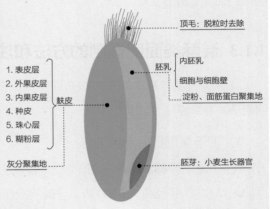

小麦的胚芽：胚芽是小麦发芽和生长的器官，有大量的脂肪和脂肪酶，这些物质在小麦粉的储藏过程中极易发生变质。

小麦的胚乳：胚乳是面粉的主要来源，含有大量的淀粉和蛋白质。小麦的蛋白质存在于小麦的各个层面中，总的蛋白质含量为8%~16%，以麦白蛋白、麦球蛋白、麦胶蛋白和麦谷蛋白为主。

麦白蛋白和麦球蛋白易溶于水，继而容易发生流失。

麦胶蛋白和麦谷蛋白多存在于小麦粒的中心部位，占小麦总蛋白质含量的80%左右，且不溶于水。这两种蛋白质是面筋产生的关键因素，不过两种蛋白质对面筋的作用不太一样。麦胶蛋白能产生很好的伸展性和较强的黏性，但不具有弹性；麦谷蛋白具有弹性，但缺乏伸展性。在搅拌的过程中，两种蛋白质发生粘连，连成巨大的分子，分子之间相互结合形成了具有特殊网状结构的面筋组织（淀粉存在于这些网状结构当中），外部表现就是面团产生了弹性和伸展性。所以，这两种蛋白质也被称为面筋蛋白。

低筋面粉、中筋面粉、高筋面粉的分类依据是面粉中的蛋白质含量，低筋面粉中的面筋蛋白含量最低。含有的面筋蛋白越低，通过搅拌产生的筋力就越小，产品的酥脆性就会越好，混酥类面团的制作宜使用低筋面粉。

后期烘烤时可能会产生收缩现象，使产品口感变差。

2. 油脂

混酥类面团在制作后期多数需要制形，常用的油脂有植物油脂和动物油脂，例如花生油、黄油、猪油等。选择油脂时，需要考虑其混合后的可塑性，避免给后期制形增加难度。

在使用黄油时需要注意操作环境，避免高温使得黄油出现熔化出油的现象。混酥类面团中的黄油使用量占面团总重量的一半左右。

3. 糖粉

糖粉的颗粒比较细，通过混合搅拌可以与其他材料快速地融合在一起，也可以使用细砂糖替代。多数糖粉制品中含有淀粉成分，一定量的淀粉对产品的酥性有积极作用。

混酥类面团在制作中不宜使用大颗粒的砂糖，如果砂糖颗粒太大，在搅拌过程中不易溶化，不但制形时会很困难，烘烤后也会在产品表面留下斑点，影响产品整体的口感和美观度。

4. 鸡蛋

鸡蛋在点心中有着多种作用。其水分含量较高，是材料混合的基础，同时鸡蛋能提高点心的营养价值，也可以使制作出的产品更加膨胀、松软，且增加产品的香味，能够改善产品的颜色，美化外表。

1.1.3 混酥类面团调制的方法和注意事项

混酥类面团的基本制作方法有许多种，在实践中，可分成油面调制法（粉油法）和油糖调制法（糖油法）两大类。

1. 混酥类面团的调制工艺

（1）油面调制法（粉油法）　油面调制法是先将油脂和面粉一同混合，至充分融合后，再加入其他材料混合的制作方法。一般的操作流程如下：

1）将面粉过筛。

2）将等量的面粉与油脂混合搅拌松散，剩余的面粉待用。

3）加入糖粉，混合均匀。

4）逐次加入蛋液，混合均匀。

5）加入剩余的面粉，采用慢速搅拌或手动折翻加推揉的方法将整体制成团。

> **制作关键**
>
> 面粉分次混合可以尽量减小面筋蛋白质的作用时间，进一步避免筋力增大，同时避免混合难度增大。

（2）油糖调制法（糖油法）　油糖调制法是将油脂和糖混合搅拌，完全融合后，再加入其他材料融合的制作方法。一般的操作流程如下：

1）将面粉过筛，备用。

2）将糖粉与油脂混合搅拌至松散状态。

3）逐次加入蛋液，混合搅拌均匀。

4）加入面粉，采用慢速搅拌或手动折翻加推揉的方法将整体制成团。

制作关键

分次加入蛋液，可以使混合的难度降低，同时可以有效避免油水分离现象的产生。

2. 混酥类面团调制的基本操作手法

除了机器搅拌外，手工制作也是调制面团常用的方法。面团调制过程中有一些操作手法具有一定的技术性。

（1）和面　将各式材料混合，通过搓揉等方法将整体成团的过程称为和面。和面是产品制作中一个非常重要的环节，和面结果的好坏直接影响成品的呈现质量。

和面成团可以手工完成，也可以通过机器完成。

（2）和面的基本要领

1）因每种材料的性质会有一定的区别，在和面过程中需要了解和掌握固液态材料的配比以及实际使用情况，对产品的原始配方比例需理性看待，必要时可以根据材料性质稍微调节。

2）和面成团过程需要快速且干净利落，避免颗粒形成。

3）手工和面的基本方法：

①折翻法，又称折叠法。此种方法是在调制面团时，将松散的混合物压平，将一半重叠在另一半上，压平，再重复折叠，反复多次至面团基本成型的制作方法。

②推揉法。此种方法是将松散的面团推开再回拢，反复多次至整体形成柔软且均匀的面团的制作方法。

③折翻混合推揉法。此种方法是将面团折翻时，同时进行推揉，反复多次至面团整体均匀且柔软的复合制作方法。

④抄拌混合折翻法。抄拌混合折翻的意思是从底部往上部进行折叠翻拌的一种方法，适用于粉类与油脂类材料的初期混合。后期粉油基本混合后，可以再采用折翻的方法进行下一步混合。

3．注意事项

1）无论使用哪类调制方法，都建议使用低筋面粉。如果使用的面粉筋度较高，在搅拌过程中容易形成筋力，后期烘烤时易造成回缩现象，且影响酥松性。

2）加入面粉后，搅拌和揉搓时间不宜过长，避免产生过高的筋性，手动混合时注意手法。

3）材料混合避免出现不均匀的现象，否则影响后期产品的平滑度和口感。

4）使用熔点较高的油脂可以避免面团发黏，使用熔点低的油脂时建议在低温下操作。

5）糖类材料建议使用糖粉、细砂糖等颗粒细小的糖制品，避免融合不均匀造成产品口味和外表不佳。

6）可以通过增加油脂、鸡蛋的用量来提升产品的酥松性，也可以在配方中适量添加膨松剂，如泡打粉。

1.1.4 混酥类面团调制设备和工具的使用方法

1．混酥类面团调制设备及使用方法

混酥类面团的搅拌可以使用机器来完成。

常用的搅拌机有落地式搅拌机、台式搅拌机（打蛋机）、手持电动打蛋机等，不同的面团制作可以选择适合的搅拌机。

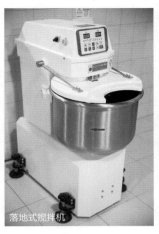

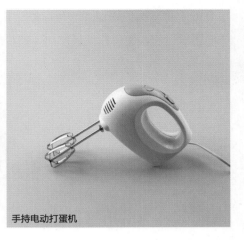

落地式搅拌机　　　　　台式搅拌机　　　　　手持电动打蛋机

台式搅拌机一般配有三个搅拌器，分别是网状搅拌器（圆球状）、扁平状搅拌器（扇形）、钩状搅拌器。调制混酥类面团一般使用扁平状搅拌器（扇形）。

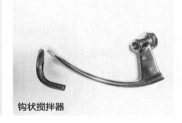

网状搅拌器　　　　　扁平状搅拌器　　　　　钩状搅拌器

扁平状搅拌器（扇形）适用于面团类产品的搅拌，搅拌力度和强度适合较硬的材料，对机器的损伤也较小。

2. 混酥类面团调制工具及使用方法

（1）**刮板**　刮板是无刃刀具，材质多是不锈钢或者塑料，又称切面刀。刮板是烘焙中常用的面团类切割工具。刮板的主要作用有辅助面团成团、切割面团、清理工作区域等。在搅拌过程中，刮板还可以用于整理面团。刮板有软质和硬质之分，刀口也有平口和弧形等多种样式。

（2）**刮刀**　刮刀的材质有木质、塑料、硅胶等，型号也比较丰富，大中小均有，带有手柄，是混合材料的常用工具。刮刀使用中，垂直面用于切拌材料，压面用来消除面粉颗粒。

（3）**喷火枪**　喷火枪的作用原理类似打火机，目前常见的有直冲式和携带式两类。喷火

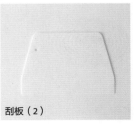

刮板（1）　　　　　刮板（2）　　　　　刮刀　　　　　直冲式喷火枪

枪配一个喷火头，通过点火可以喷出火焰，有自动点火和手动点火两种方式。喷火枪可以在产品搅拌过程中有针对性地加热，减少油脂凝结成块的可能。

1.2 生坯成型

　　以混酥类面团为基础面坯制作的产品类型较多，常见的有塔、派、饼干等。这些产品的成型需要一定的工具或者模具，还需配合正确的操作手法。

1.2.1 工具、模具的种类和用途

1. 工具的种类和用途

　　（1）**擀面杖**　擀面杖是常用的圆而光滑的柱状擀制工具，材质有木制、塑料、硅胶等，常见的种类有通心槌、木制长或短擀面杖。擀面杖多用来擀制面皮、起酥等。

各式擀面杖

不锈钢针车轮

滚轮刀（单刀）

滚轮刀（五轮）

　　（2）**针车轮**　针车轮的前端是较密集的针形材料，后端带有手柄，中部以可活动的部件连接。针车轮的主要作用是通过前端针形材料作用在面坯上进行戳孔、戳洞，形成均匀的孔洞，这样可以在烘烤阶段避免面坯制品受热鼓起，引起不平整的现象。

　　（3）**滚轮刀**　滚轮刀又称滚刀、轮刀、比萨轮刀等，带有手柄，刀刃呈圆形可滚动，主要用于切片、切条等。滚轮刀有单刀头和多刀头等。

　　（4）**压制模具**　压制模具多是由不锈钢或塑料制成的，带有一定的形状，常见的有圆形、椭圆形、花形等，有成套的也有单个的。压制模具的主要作用是对擀制完成的面皮进行切割，使其呈现需要的形状，以此为基础再进行下一步塑形操作。

枫叶切模

花萼压模

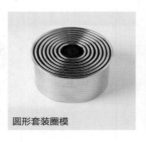
圆形套装圈模

花形圈模

（5）裱花工具　部分饼干的材料混合调制完成后，是呈面糊状的，这类可以直接通过裱挤的方式挤出形状。常用的裱花嘴有圆形、锯齿形等，规格型号不一。裱花嘴的使用需要与裱花袋配套，挤出的形状与使用的裱花嘴、挤出的方式有直接关系。

大、小锯齿花嘴

大、小圆花嘴

2. 模具的种类和用途

（1）塔模　塔模有圆形、船形、椭圆形等样式，有的也带有花边，是塔类产品基础样式的来源。

（2）派盘　派盘的底部分固定和可拆卸两类，边缘形状多带花纹，规格大小不一，主要用于派类产品的基础塑形。

塔模（船形花边）

塔模（菊花）

派盘（1）

派盘（2）

1.2.2 工具、模具的保养

1）所有模具应有一个固定存放处，并使用专业工具箱保存，在清洗完成后，需要擦拭干净，防止生锈变形。

2）木制工具清洗干净后，放在固定处，需要保持储存环境干燥，避免发生变形、发霉等情况。

3）相关衡器需要保持整体干净，并放在固定处，且需保持平稳。衡器需要经常校对，保持其精准度。

4）粉筛类工具清洗完成后擦干或者晒干，存放在固定处，保持环境干燥，尽量不要与锋利、尖锐的工具一起存放，避免发生损害。

5）特殊材质的工具或者模具需要根据各自的使用说明进行保养和储存。

6）所有工具或模具需要进行定期消毒，包括用于储存的盛器。

1.2.3 混酥类生坯成型的基本手法

1. 混酥类塔、派生坯成型方法

多数塔、派类产品的成型需要依靠模具来完成塑形。在将面坯放在模具上时，需要使用正确的手法才能达到较好的效果。

（1）手工成型

1）碾推式。碾推式适合面积较小的产品，多见于小塔类产品的制作。先取所需重量（或大小）的面坯放在模具的中心处，用手指向下压面坯，按顺时针方向一手捏、一手向上推，用大拇指和食指碾压面坯直至延展至模具边角处，最后用刮板将模具边角处多出的面坯去除，边缘处可以用手抹平。

  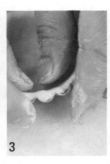  

2）擀压式。擀压式适合面积较大的产品，一般是派类产品。用擀面杖将面团擀至所需的厚度，再用压模或模具切割出所需大小。

①单层制作。将切割好的面坯放入模具中，去除边缘多余的面坯，再填入馅料、整形、装饰，待烘烤即可。

②双层制作。基础层次是将切割好的面坯放入模具中，填入馅料，再覆盖一层面坯。

对于双层面坯制作，一般有两种组合烘烤方式。一是单层面坯放入模具后，先初步烘烤至所需状态，取出填馅，再覆盖第二层面坯，然后进行第二次烘烤；二是第一层面坯入模后，直接填馅，覆盖上第二层面坯后直接装饰，再烘烤成型。

（2）机器成型 可以用压面机、起酥机替代擀面杖将面团擀压至所需厚度，再用压模进行压刻，入模方式与手工入模方式基本相同。

2. 混酥类饼干生坯成型方法

（1）成型方式

1）直接成型。直接成型是在饼干面坯或者面糊调制完成后直接塑形，再烘烤成型的成型方式，适用于塑形能力较好的面团或面糊产品。

具体操作时，面糊类可以使用裱挤的方式进行塑形，面坯类可以通过手动扭曲、按压等方式进行塑形。

2）冷冻成型。将调制完成的面皮放入冰箱中低温处理，之后再加工塑形。面坯经过低温储藏后，便于压制、刻制、切割等，便于产品塑形。

（2）成型手法

1）裱挤法。裱挤法适用于面糊类饼干的制作：将饼干面糊装入带有裱花嘴的裱花袋中，通过特定的运动轨迹挤出样式，然后进行烘烤成熟。裱挤可以根据需求选取不同的裱花嘴，采用不同的挤出方式，成型规格可依靠调节挤出路径进行随意调节，是一种简洁实用的制作方法，也是饼干制作中较为常用的手法之一。

裱挤法

压制法

2）压制法。将面坯分割后，初步搓成圆球状或其他所需的样子，放在烤盘中，再用手或者工具进行直接按压，形成有一定特点的产品样式。

3）压模刻制法。将调制完成的饼干面团擀至所需厚度（根据面坯状态可以选择入冰箱低温储存至软硬度合适后再使用），然后用压模工具进行刻制出形。

压模刻制法

切割法

4）切割法。将调制好的面坯整理成一定的形状，放入冰箱中低温冷藏，取出后使用刀具进行切割分剂，可制作出圆形、方形、条形等形状的饼干。

5）复合法。利用两种或两种以上不同口味或颜色的面坯搭配，采用不同的组合方式制作出形状、色彩等各异的饼干。

复合法 1

复合法 2

1.3 点心成熟

1.3.1 常用烤箱介绍

1. 烤箱的性能介绍

日常使用的烤箱可调节上、下火，具有定时功能，有些具备喷蒸汽功能。将制品放入烤箱中，正式烘烤后，烤箱通过传导、对流和辐射三种传热方式，使制品从"生"到"熟"。烤箱内部传热是制品成熟的关键环节。

（1）**传导**　传导是指热量从温度高的地方往温度低的地方移送，达到热量平衡的一个物理过程。在产品烘烤过程中，热源通过烤箱传递到产品表面，再慢慢传至产品中心，是产品制作中最主要的受热方式。

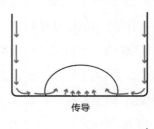

传导

（2）**对流**　对流是只针对液体与气体的热传导现象，气体或液体分子通过受热产生膨胀与移动，进行热传导。自然条件下的对流存在于每种烤箱中，但是风炉中有着强制对流的装置，这种烤炉会帮助能量较高的气体或液体分子往能量低的部位快速转移与传递，使产品快速熟化。所以一般情况下，使用风炉烘烤的产品要比平炉时间短一些或温度低一些。

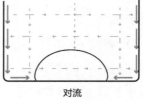

对流

（3）**辐射**　辐射是指物体以电磁波方式向外传递能量的物理过程，远红外线烤箱就利用电磁波的方式进行热辐射。除远红外线等以辐射为主要加热方式的烤箱外，热辐射对产品成熟只是起辅助作用。

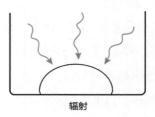

辐射

2. 烤箱的使用

开启烤箱的电源，设定烘烤的温度和时间，开始烘烤程序。正式烘烤时需密切关注烤箱的内部状态，必要时及时调整时间和温度。

具体注意事项如下：

1）新烤箱在使用前，需要详细阅读使用说明书，避免使用不当出现事故。

2）在正式烘烤前，需要一定的时间将烤箱预热至所需温度，方可进行产品制熟。

3）烤箱温度达到预热状态时，放入制品，设定预估烘烤时间。

4）在烘烤进行时，需随时观察产品的烘烤情况，根据产品外表的变化，调整烘烤温度和设定的时间。

5）烘烤完成时，需使用隔热工具将产品移出。

6）烤箱使用完成后，关闭电源，待炉内温度下降后，可进行清理工作。

3. 烤箱的保养

1）为保持制品的风味特征，需保证烤箱内部的清洁，避免异味影响。注意，清洁时需在电源关闭且温度下降的情况下进行，不宜使用水直接清洗，建议使用专业的烤箱清洁剂进行擦拭清洗，或根据使用说明进行操作。

2）烤箱内部使用的工器具需要清洗干净，尤其是常用的烤盘、模具等，不可带水进入烤箱内烘烤。

3）烤箱长久闲置时，需注意防尘。

4. 烤盘

烤盘是烘烤制品的主要使用盛器，尺寸大小不一，材质常见的有铝合金、不锈钢等，使用时注意清洁，避免脏物污染，避免携带不良气味影响制品品质。

烤盘使用时，一般会配套使用烤盘垫或油纸，这有一定的防粘功效。对于个别产品，烤盘垫还有一定的隔热功效。选择烤盘垫时，同样需要注意清洁。

1.3.2 混酥类点心成熟的方法

1. 塔、派类产品成熟的方法

（1）塔、派类产品的烘烤

1）塔、派类产品的一次烘烤成熟。将面坯（单层或多层）、馅料进行一次性组合完成，放入烤箱中直接烘烤成熟。

2）塔、派类产品的二次烘烤成熟。

①单层面坯。将面坯先铺入模具内进行第一次烘烤，取出（根据实际情况选择是否进行冷却），填入馅料，继续进行第二次烘烤，烤至整体成熟。

②双层面坯。将面坯先铺入模具内进行第一次烘烤，取出（根据实际情况选择是否进行冷却），填入馅料，覆盖第二层面坯，继续烘烤至整体成熟。

（2）影响塔、派类产品成熟的主要因素 烘烤类产品在进入烤箱之后，除了设备、模具等客观因素的影响，决定产品质量的主要因素有两个，一是烘烤温度，二是烘烤时间。

在相同条件下，使用的烘烤温度越高，相对的烘烤时间就越短；烘烤温度越低，相对的烘烤时间就越长。

塔、派类制品的大小、厚薄度、有无馅料添加、有无叠加面坯等因素对产品的组织密度影响比较大，所以烘烤时间与温度需要灵活掌握，或者采用二次烘烤成熟的方式分解烘烤难度。

在实际烘烤过程中，需密切观察烤箱的情况，合理调节对应的时间和温度，避免烘烤失败。

2. 混酥类饼干成熟的方法

（1）混酥类饼干的烘烤

1）平炉烘烤。平炉烘烤是较为常见的一种烘烤方法，带有上、下火设置，可以通过控制上、下火的温度来调节炉内温度的变化。炉内温度选择受烘烤时间、制品大小、制品厚度等方面的因素影响。

2）转炉烘烤。炉内温度调节对饼干的质量影响比较大，且需要针对不同的阶段调整合适的温度。

3）隧道炉烘烤。制品入炉后，对产品各个阶段的温度控制，也是对炉内入口到出口这一段温度分布的控制。

（2）影响混酥类饼干成熟的主要因素　同多数烘烤产品一样，饼干成熟的质量受烘烤时间和烘烤温度的影响。

需要特别注意的是，饼干类产品中的糖比例较高，糖在受热过程中会产生焦化作用，使产品外表颜色发生变化，过高的温度或过长的烘烤时间会使产品外部颜色过深，甚至出现焦煳现象。

同时，制作过程中也应避免以下两种状况。

1）烘烤温度较低，导致烘烤时间过长。这容易使产品过于干燥，影响正常口感。烘烤时间过长还会引起焦煳现象。

2）烘烤温度较高，导致烘烤时间过短。这容易产生外部着色过快、内部夹生的现象。

饼干的烘烤时间一般偏短，烘烤过程中需密切关注产品的变化，把握好烘烤时间与温度之间的平衡问题。

塔类制作——杏仁塔

原料配方

面团配方

低筋面粉	125g
糖粉	40g
奶粉	15g
盐	1g
全蛋液	25g
黄油	65g

馅料配方

黄油	90g
糖粉	40g
全蛋液	60g
白兰地	10g
杏仁粉	100g
奶粉	40g

装饰

全蛋液	20g
杏仁片	60g
糖浆（表面涂抹）	适量

制作过程

1）**馅料制作**：将馅料配方中的糖粉过筛，和黄油混合搅拌，至微发。

2）分次加入全蛋液和白兰地，搅拌均匀。

3）加入过筛的杏仁粉和奶粉，拌匀备用。

4）**塔皮制作**：将面团配方中的低筋面粉、糖粉、奶粉过筛，和盐一起搅拌均匀。

5）将粉类物质做成粉墙状，加入全蛋液和黄油，以抄拌混合折翻的方式将其整理成面团状。

6）将面团静置松弛 15min，分割成 20g/ 个。

7）放入塔模内，将其捏匀，厚薄要一致。

8）**组合制作**：将馅料挤入塔模内，约至 8 分满。

9）在塔皮的边缘刷一些全蛋液。

10）在表面撒上杏仁片。

11）以上、下火190℃烘烤约25min即可。出炉后，在表面刷上一层糖浆（提亮、保湿）。

制作关键　1）以抄拌混合折翻的方法进行手工混合面团，成团后放置一定的时间使面团松弛，尽可能减少面筋对面团的影响。

2）面团分割大小要均匀，入模具后塔皮厚度要捏得均匀。

3）填入馅料不要过满。

4）注意对烘烤制品状态的观察，需要时调整烘烤温度或烘烤时间。

质量标准　金黄色，带白兰地酒味、杏仁香味，口感嫩滑。

塔类制作——芝士咸塔

原料配方

面团配方

低筋面粉	120g	盐	1g
糖粉	40g	全蛋液	30g
奶粉	25g	黄油	60g

馅料配方

全蛋液	120g	芝士丝	60g
鲜奶油	40g	盐	2g
培根肉丁	40g	黑胡椒粉	适量
香葱碎	40g		

制作过程

1）将面团配方中的低筋面粉、糖粉、奶粉和盐混合均匀后，做成粉墙状，再加入黄油（软化状态）和全蛋液。

2）用抄拌混合折翻的方式将其整理成面团状。

3）将面团静置松弛 15min，再分割成 20g/ 个。

4）放入塔模内，将其捏匀，注意厚薄要一致。

5）将培根肉丁放入塔模内。

6）将香葱碎撒在培根肉丁的上面，再撒一层芝士丝。

7）在表面撒上盐和黑胡椒粉调味。

8）将全蛋液与鲜奶油混合搅拌均匀。

9）将蛋奶液倒入塔模内，至整体约 9 分满。

10）入炉烘烤，以上火 180℃、下火 190℃烘烤约 20min。

制作关键 面团内部的馅料可以根据需要更换，自由度比较大。但材料要呈小块状，避免单个材料占据太大空间。

质量标准 淡黄色，芝士风味，咸香适中，口感润滑。

派类制作——松子派

原料配方

面团配方

全麦粉	100g
盐	1g
高筋面粉	75g
色拉油	40g
水	55g

馅料配方

杏仁粉	80g	盐	1g
玉米淀粉	40g	柠檬碎	10g
迷迭香	2g	核桃仁	50g
牛奶	60g	色拉油	30g
麦芽糖	30g	松子仁	100g
白兰地	15g		

表面装饰

柚子酱	50g
苹果汁	15g
盐	2g
吉利丁片	3g

制作过程

1）**派皮制作**：将面团配方中的全麦粉、高筋面粉过筛，和盐混合拌匀。

2）加入色拉油和水，抄拌成面团状。

3）将面团放入冰箱冷藏松弛 20min，取出，再用擀面杖擀开至 4mm 厚。

4）将面皮放入派盘内，去除多余面坯，派盘周边稍作修整。

5）在派盘中心底部扎出小孔，静置松弛备用。

6）**馅料制作**：将杏仁粉和玉米淀粉过筛，混合迷迭香，搅拌均匀。

7）加入牛奶，搅拌均匀。

8）加入麦芽糖、盐、核桃仁，拌匀。

9）加入白兰地、柠檬碎和色拉油，搅拌均匀。

10）**组合制作**：将馅料倒入派盘中，用抹刀将表面抹平。

11）在表面放上松子仁，要将表面完全盖住。

12）入炉烘烤，以上火 180℃、下火 190℃烘烤约 35min，出炉，待凉。

13）将表面装饰材料中的柚子酱、苹果汁、盐加热煮开，离火，加入泡软的吉利丁片混合均匀，趁热倒至制品表面薄薄一层，待凝固即可。

制作关键 　1）使用吉利丁制品进行组合装饰时，需要在其没有凝固前操作完成，否则无法铺平。

　　　　　　2）本次使用全麦粉和高筋面粉混合制作，可以中和面筋强度，是全麦风味产品的一种常见组合方式。

质量标准 　金黄色，松子香浓郁，带有迷迭香，口感酥香。

派类制作——苹果派

原料配方

面团配方

黄油	170g
水	80g
低筋面粉	360g
盐	2g
绵白糖	10g

馅料配方

苹果	3 个	肉桂粉	3g
黄油	15g	豆蔻粉	3g
绵白糖	100g		
柠檬汁	30g		
水	45g		
玉米淀粉	10g		

装饰

蛋黄	20g
水	15g

制作过程

1）**馅料制作**：先将苹果去皮去核，切成碎块，备用。

2）将黄油放入盆中，隔水加热熔化。

3）加入苹果碎、绵白糖、柠檬汁、30g 水，加热炒至苹果水分挥发掉一部分。

4）待苹果稍显透明，将 15g 水和玉米淀粉混合后加入，边煮边搅拌至整体呈浓稠状。

5）加入过筛的肉桂粉和豆蔻粉，搅拌均匀备用。

6）**装饰**：将蛋黄与 15g 水混合搅拌均匀备用。

7）**派皮制作**：将低筋面粉过筛后，和盐、绵白糖搅拌均匀，做成粉墙状。

8）加入黄油，折翻混合成颗粒状。

9）加入水，以抄拌混合折翻的方式将整体拌成面团状，静置松弛 20min。

10）用擀面杖将面团擀开，擀至整体呈 4mm 厚的面皮。

11）用刀或模具切割出合适大小的面坯，放在派盘内，并将多余的面皮去除干净。

12）将整体修整服帖，用叉子在底部扎上小孔。

13）**组合制作**：将馅料倒入派盘内，抹平。

14）将剩余的派皮擀开成 3mm 厚的面皮。

15）用叶子形压模在表面压出带有 4 个叶形孔的面皮，备用。

16）将带叶形孔的面皮放在馅料的上面。

17）整理表面，将多余的面皮去除干净，在表面均匀地刷上蛋黄液。

18）用刀背在刻下的叶子面坯表面刻出叶子的叶脉图案。

19）将其摆在派皮的表面，同样在表面刷上蛋黄液。

20）入炉烘烤，以上、下火 210℃烘烤约 30min，待表面呈金黄色即可取出。

制作关键　1）苹果在切好后需尽快使用，避免氧化变色。

　　　　　　2）摆放叶片的时候，要注意叶片之间的距离。

　　　　　　3）如果产品表面需要上色重一点儿，可以再刷两次蛋黄液。

质量标准　金黄色，苹果香，香料风味足，口感酥香。

饼干制作——椰子饼干

原料配方

面团配方

黄油	60g	牛奶	55g
绵白糖	60g	低筋面粉	155g
盐	0.5g	泡打粉	1.5g
椰蓉	35g		

柠檬糖霜

绵白糖	35g
水	20g
柠檬汁	3g

装饰

椰蓉（已烘烤）	适量

制作过程

1）将黄油、绵白糖和盐放入容器，搅拌均匀。

2）加入椰蓉搅拌均匀，再加入牛奶搅拌均匀。

3）将低筋面粉和泡打粉过筛后加入，整体搅拌成面团状。

4）稍作松弛后，用擀面杖擀开至 3mm 厚。

5）用压模压出所需形状。

6）将面皮摆入烤盘内，以上火 180℃、下火 150℃ 烘烤 12min 左右。

7）出炉，在表面刷上柠檬糖霜（相关材料混合加热煮沸即可）。

8）再在表面撒上椰蓉（已烘烤）即可。

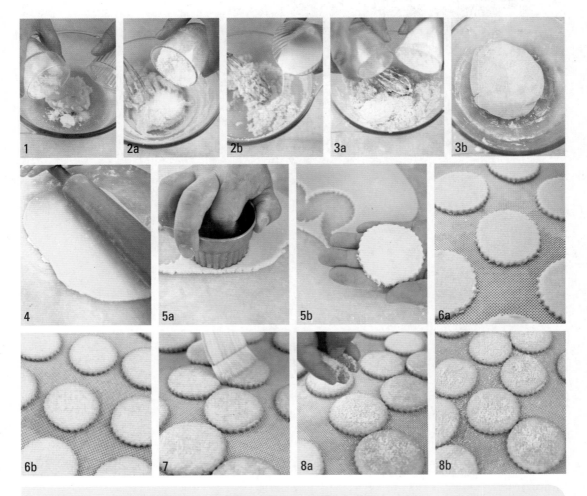

制作关键　1）在制作面团时，牛奶需要分次加入，避免油水分离。

　　　　　2）烘烤椰蓉：将椰蓉以低温烘烤至呈金黄色，取出备用。

质量标准　金黄色，有椰香，口感酥香。

西式面点师（初级）

饼干制作——沙布烈饼

原料配方

面团配方

黄油	123g	杏仁粉	20g
糖粉	45g	低筋面粉	50g
盐	2g	中筋面粉	45g
全蛋液	20g		

表面装饰

蛋黄	适量

制作过程

1）将黄油软化后搅拌至松软。

2）加入盐和过筛的糖粉，搅拌至充分融合。

3）分次加入全蛋液，搅拌均匀。

4）加入过筛的低筋面粉、中筋面粉和杏仁粉，用刮刀翻拌均匀。

5）将面糊装入带有圆形裱花嘴的裱花袋中，在铺

有高温布的烤盘内挤出圆球状。

6）用叉子沾上蛋黄液，在每个面糊表面轻轻划出线条。

7）入烤箱，以上火180℃、下火150℃烘烤约13min。

制作关键　1）黄油要选用软化状态下的，以此制作的面糊才容易进行裱挤。

2）在制作面糊时，全蛋液要分次加入，避免产生油水分离。

3）在面糊表面进行装饰时，力度要轻。

质量标准　金黄色，口感酥香。

复习思考题

1. 常见的混酥类点心有哪些种类？

2. 混酥类面团制作的主要材料有哪些？

3. 混酥类面团和面的基本操作手法有哪些？

4. 混酥类面团的调制方法有哪几种？

5. 混酥类面团为什么不宜过长时间搅拌？

6. 混酥类面团调制时常用的油脂有哪些？

7. 常用于搅拌混酥类面团的搅拌器是什么？

8. 混酥类饼干生坯成型的具体操作手法有哪些？

9. 烤箱烘烤有哪几种传热方式？

10. 影响塔、派类制品成熟的因素有哪些？

项目 2

面包制作

▼ ▼ ▼

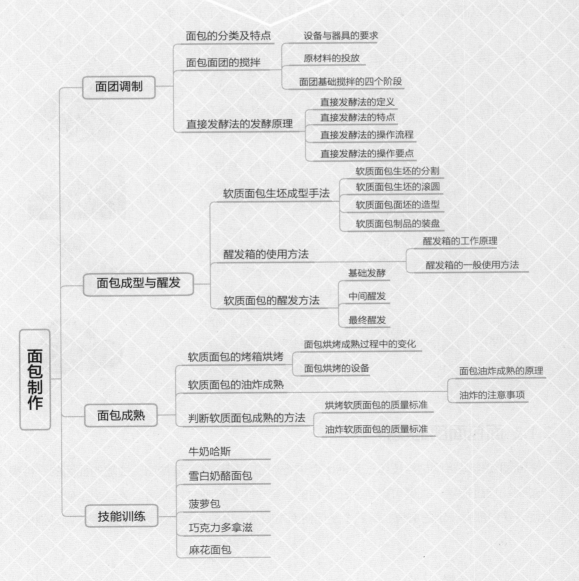

面团调制
- 面包的分类及特点
- 面包面团的搅拌
  - 设备与器具的要求
  - 原材料的投放
  - 面团基础搅拌的四个阶段
- 直接发酵法的发酵原理
  - 直接发酵法的定义
  - 直接发酵法的特点
  - 直接发酵法的操作流程
  - 直接发酵法的操作要点

面包成型与醒发
- 软质面包生坯成型手法
  - 软质面包生坯的分割
  - 软质面包生坯的滚圆
  - 软质面包面坯的造型
  - 软质面包制品的装盘
- 醒发箱的使用方法
  - 醒发箱的工作原理
  - 醒发箱的一般使用方法
- 软质面包的醒发方法
  - 基础发酵
  - 中间醒发
  - 最终醒发

面包成熟
- 软质面包的烤箱烘烤
  - 面包烘烤成熟过程中的变化
  - 面包烘烤的设备
- 软质面包的油炸成熟
  - 面包油炸成熟的原理
  - 油炸的注意事项
- 判断软质面包成熟的方法
  - 烘烤软质面包的质量标准
  - 油炸软质面包的质量标准

技能训练
- 牛奶哈斯
- 雪白奶酪面包
- 菠萝包
- 巧克力多拿滋
- 麻花面包

面包制作

2.1 面团调制

面包面团是以小麦粉、酵母、水、盐为主要原材料，通过搅拌形成的团状物体，后期通过发酵、整形、醒发、烘烤等工序加工制作形成焙烤产品。

根据不同的需求，在制作中可以加入鸡蛋、油脂、果仁等辅料，能够给制品增加独特的风味和口感。

2.1.1 面包的分类及特点

根据不同的分类标准，面包可以分为不同的种类。

以下是以面包的柔软程度为分类基础得出的几种常见面包种类。

种　类	结构特性	特　点	图　例
软质面包	组织柔软且质轻膨大，质地细腻富有弹性	制作中添加了鸡蛋、奶油、牛奶、糖、添加剂等其他柔软成分，且面团含水量较高	
硬质面包	经久耐嚼且具有浓郁的醇香口味	多是以面粉、酵母、水、盐为原料制作的，成分简单，成品的表皮较硬	
脆皮面包	表皮脆而易折断，内里较松软，小麦香味浓厚	烘烤时需要喷蒸汽，有利于形成表层光亮的脆皮	
起酥面包	口感特别酥松，层次分明，奶香浓郁	又称松质面包，利用油脂的润滑性和隔离性使面团产生清晰的层次，多易变形	

2.1.2 面包面团的搅拌

面团搅拌是将原材料按照一定的比例进行调和，形成具有某种加工性能的面团的一种操作过程。通过搅拌，主要可以达到三个目的：第一个是促使材料混合；第二个是使空气进入面团，使内部有一定的氧气；第三个是促使面粉吸水，形成面筋，达到所需的面筋网络结构，形成支撑面包成型的基础条件之一。

1. 设备与器具的要求

（1）设备的要求　材料混合搅拌一般可以通过机器或者手工完成，其中机器搅拌所用的常见设备有多用途搅拌机或面包专用搅拌机。

1）多用途搅拌机。多用途搅拌机一般配有多种搅拌器，常见的有网状搅拌器（圆球状）、扁平状搅拌器（扇形）、钩状搅拌器。调制面包面团常用的是钩状搅拌器。

钩状搅拌器

多用途搅拌机的容量较小，不适宜一次性搅拌大量的面团，且功率较小，长时间搅拌容易损伤机器。搅拌器不宜选用网状和扁平状搅拌器，因为面团阻力较大，使用这两类搅拌器极易造成搅拌器损伤及变形。

2）面包面团专用搅拌机。面包面团专用搅拌机的功率大、容量大，搅拌器为钩状。此类搅拌机对量大面团的搅拌较为友好，不适宜少面团的混合，适宜长时间搅拌，是面包面团制作的常用搅拌机。

（2）器具的要求　面团在搅拌过程中，可使用刮板进行面团整理或者缸壁整理，使用温度计进行面团的温度测量等；在面团搅拌完成后，需要将其放置在干净的案板上进行整理，之后根据需要放入干净的盛器或者储存箱（周转箱）进行发酵。

面包面团专用搅拌机

2. 原材料的投放

（1）主料与辅料的预先处理　在进行原材料投放前，需要对部分材料进行一定的处理，首先需要保证其符合卫生标准和食品安全相关条例，其次进行某些预处理操作可以提高材料的工艺性能，使其更有益于面包成型。

1）面粉的处理。在绝大多数面包制作中，面粉是占比最大的材料，且多使用筋度较高的面粉，即蛋白质含量较高的高筋面粉。面粉的使用状态对面包成型有直接影响，所以在正式投放前，需要进行一些预先处理。

①调整面粉的使用温度。材料在经过搅拌后，会进行一系列的发酵工序，发酵的环境受许多因素的影响，其中温度的影响是比较大的。面粉作为占比较大的材料，进行一定的温度调整有助于对面团进行温度的掌控。一般面粉最佳的使用温度是18~24℃，实际使用温度需要根据季节温度、搅拌时间、其他材料的使用温度等因素来确定。

②面粉过筛。过筛可以有效去除面粉中的杂质；同时在过筛时，能够在面粉颗粒之间充入大量的空气，使面粉更加蓬松，这样有助于面粉与其他材料混合，并且有助于后期面团中酵母的生长繁殖。

2）酵母的处理。酵母的种类比较多，常见的有鲜酵母、活性干酵母和即发性干酵母，部分酵母在使用前需要根据使用说明进行活化处理，才能达到理想的使用效果。

知识拓展

干酵母与鲜酵母

　　"干"与"湿"是市售酵母的两种最常见的状态，此状态与酵母菌的生产方式有直接关系。

　　干酵母是由酵母菌的培养液经过低温干燥等特殊处理方式得到的颗粒状物质，分为活性干酵母和即发性干酵母两大类。鲜酵母是由酵母菌培养液脱水制成的。

　　两种酵母所含的酵母菌数量、使用方法以及储存方式等都有所不同。

酵母－干酵母　　酵母－鲜酵母

　　相较于干酵母储存的便捷性，鲜酵母的储存要时刻注意内部酵母的生存条件。一般情况下，鲜酵母适合存放的温度是 0~4℃，在这个温度范围内酵母只是会通过缓慢的代谢来维持生命，是处于休眠状态的，保质期在 45 天左右。如果存放的温度低于 0℃，鲜酵母的水分会开始结冰，酵母会停止代谢，逐渐死亡，失去活性，而且产生的冰还会将酵母细胞的细胞壁刺破，使酵母菌受到损伤。如果存放温度高于 5℃，鲜酵母开始慢慢活动，随着温度的不断升高，代谢繁殖速度也会越来越旺盛，加速酵母老化。

　　3）水的处理。水是面团制作的"基地"，所有的内部和外部工序都跟水有着直接关系。水作为一个场地空间给面包制作提供了很多可能。现代城市日常生活中的自来水符合面包生产制作的需求，一般可以直接使用。

知识拓展

　　在实践中，硬度为 100mg/L 的水质更适合面包的制作。使用硬水可以让面筋变得更强劲，同时这种水质中含有的多种矿物质对面包制作的整个流程会产生影响，对面包的外形和风味都会起到一定的积极作用。

　　在面团成型后，合适的温度对于后续的发酵工作影响深远，面团的温度与粉类温度、水温、环境温度、摩擦温度等有直接关系，调整水温是比较直接的方法，也较为迅速。一般水的使用温度在 17℃左右，根据环境温度和其他原料温度的变化，可以进行适度调整。

　　调整水温可以通过加热或者冷藏降温等方式进行。水可以一次加入，也可以分次加入，在任何时段加入的水，都能对面团的温度产生较为直接的影响。

　　（2）各类原料的投放顺序　　面包原料的投放顺序与面包制作工艺、面包使用的材料、搅拌机类型有直接关系，没有统一的投放顺序。

　　以直接发酵法制作工艺为例，一般是先将粉、水、糖等材料混合，加入酵母，然后再加入盐等材料。油脂的投放顺序与油脂的使用量有关，为了不影响面团的筋度形成，多在后期加入。

3. 面团基础搅拌的四个阶段

（1）**水化阶段**　将配方中的干、湿性材料混合在一起，通过慢速搅拌形成一个粗糙湿润的面团，此时的面团没有面筋形成，没有弹性，也没有延伸性。

（2）**结合阶段**　通过后续的快速搅拌，面团中的水分和面粉更加充分地结合，逐渐形成面筋网络结构，面团表面变得越来越光滑，搅拌缸内壁逐渐光滑干净。此时的面团有了较小的弹性，还无延伸性，拉伸时容易断裂。

水化阶段

结合阶段

（3）**扩展阶段**　随着搅拌的继续，面团内部的面筋越来越多。面团表面光滑，富有弹性，具有一定的延伸性。

（4）**完成阶段**　面团经过不断搅拌，面筋已完全形成，具有良好的延伸性，用手拉面团可以形成比较均匀的面筋膜。面团在搅拌过程中有利落的"噼啪"打击声。

扩展阶段

完成阶段

知识拓展

　　如果在面团完成阶段之后继续搅拌，会进入过度搅拌阶段，具体表现为面筋网络开始"崩塌"，内部锁住的水也开始慢慢往外析出，所以面团表面会产生水光，同时出现类似面团坍塌在缸底的"泄"状现象，面团拉伸长度从长变短，拉伸面团时下坠力明显，甚至产生断裂，拉伸筋膜开始出现不均匀现象。

　　过度搅拌阶段的下一个阶段为破坏阶段，面团基本坍塌在缸底，表面呈现明显的水光，拉伸时极易产生断裂，无法形成薄膜状。

2.1.3 直接发酵法的发酵原理

1. 直接发酵法的定义

面包的直接发酵法也称为一次发酵法，是将所有的材料混合，通过一次搅拌调制成面团，再一次整体发酵的方法。

2. 直接发酵法的特点

1）一次发酵法所需的生产时间较短，能够提高效率。

2）能够展现食材的最原始风味，比较容易掌握成品口味的形成与变化。

3）具有很好的发酵风味，不易产生异味和酸味，但是风味比较单一。

4）操作要求比较高，出错后比较难纠正。

5）面团面筋组织比较脆弱，在造型上比较受限制。

3. 直接发酵法的操作流程

搅拌 ➤ 基础发酵 ➤ 分割 ➤ 滚圆（预整形）

烘烤 ◀ 最终醒发 ◀ 整形 ◀ 中间醒发

4. 直接发酵法的操作要点

（1）**搅拌阶段**　面团搅拌是面包制作的关键环节，搅拌过程中需要控制搅拌速度、时间，最终使面团达到下一个阶段的要求。一般情况下，直接发酵法的面团搅拌时间在 15~20min，完成搅拌时，面团温度为 27~29℃。

（2）**基础醒发阶段**　基础醒发是一个比较复杂的过程，面筋组织在醒发阶段可以得到很好的延伸。基础醒发期间需要注意对时间、湿度、温度进行控制，给酵母菌生长和繁殖提供一个较为妥帖的环境。在基础醒发阶段，多数面团的体积需增大一倍以上。

（3）**面团翻面**　面团的翻面是发生在基础醒发阶段中的一道辅助工序，是将正在发酵的面团进行一次折叠和翻转，使面团整体温度更加均衡，同时增加面团的筋度，使面筋网络更均衡地向各方延伸。翻面的过程也是给面团整体"换气"和"补气"的过程，将面团内积压的二氧化碳散发出去，同时储存新鲜的空气，给酵母菌的生长繁殖营造一个更好的环境。

（4）**面团分割**　分割是用切面工具将大面团分割成小面团的步骤，是制作面包的重要过程。

在使用切面刀进行分割时，也是切断大面团面筋的过程，为了更好地保护面筋网络，切割时需注意不要随意拉扯面团或者损坏面团组织，宜轻轻地将面团摊开，再使用切面刀一次切出所需大小，不要用切面刀在面团上来回拉锯，也不要拉拽面团，避免给面团内部的面筋组织造成更大的破坏。

（5）**面团滚圆**　滚圆是在分割后、整形前的一个过渡工序。

分割操作对面团的面筋会造成一定的伤害，经过滚圆之后，可以给面团中的面筋一个新的"秩序"，方便面团更快地恢复筋性。

面团在经过分割时，切面刀会在面团上留下切面，切面上带有很多的气孔。如果对小面团不做任何处理的话，之后酵母菌发酵产生的二氧化碳会从切面上散发出去。滚圆操作可以给分割后的面团一个新的"皮"，不但能在滚圆过程中裹住新的气体，同时在后期操作中包裹酵母菌产生的气体，可以避免产品互相粘连。

需要注意的是，在滚圆的过程中不要裹入干粉，以免给面包内部造成空洞。

（6）**中间醒发阶段**　在经过分割滚圆后，面团内部含气量下降，弹性也变弱，中间醒发可以帮助面团的组织筋膜得到松弛，使面团恢复柔韧性和延伸性，有利于后期面团的整形。

（7）**面团整形**　将面团按照需要制作成各式形状。

（8）**最终醒发**　将整形完成的面团放入发酵箱中。经过整形后，面团内部的气体几乎全部散失，组织较硬，发酵的目的就是使面团重新获得柔软的组织和足够的膨胀。这个过程对温度和湿度有一定的要求，相应的时间也要调整。

（9）**烘烤阶段**　总体上而言，面包面团的体积越大，一般烘烤温度越低，相对应的烘烤时间越长；面包面团体积越小，一般烘烤温度越高，对应的烘烤时间越短。

软质面包的烘烤温度一般为 190~220℃，具体情况需要根据产品的配料、品类、大小等来进行调整。

2.2 面包成型与醒发

2.2.1 软质面包生坯成型手法

1. 软质面包生坯的分割

（1）**分割的含义**　面团分割是指用切割工具将大面团分切成若干个小面团的过程。

分割需考虑面包面团的重量和制作过程中的损耗重量。

（2）**分割的方法**　面团分割分为手工分割和机器分割两种方法。

分割时要考虑切割速度、切割方法对面团面筋的影响。手工分

分割

割有利于保护面团的面筋组织；机器分割则效率比较高，分割重量准确。

2. 软质面包生坯的滚圆

（1）**滚圆的含义**　在分割完成后，将每个小面团搓成圆形，即为滚圆。

（2）**滚圆的作用**　滚圆的主要目的是将面团受损的面筋网络恢复一个"新秩序"，同时闭合面团切割口，防止气体逸出。

具体作用如下：

1）重新给面团一层表皮，使面团表面光滑，避免彼此粘连，利于后期的其他操作。

2）使分割后的形状由不规则的变成规则的，便于后期工序的统一进行。

3）弥合面团的切割口，避免面团内部气体逸出。

4）滚圆的过程可以消除面团中的大气泡，使面团内部组织更加均匀、紧实。

（3）**滚圆的方法**　滚圆可以通过手工或者机器来完成。手工滚圆的具体方法如下。

用手罩住面团，并闭合成拳头状，手指配合手掌轻轻压住面团，通过同一方向的旋转，使面团在手心中逐渐形成光滑且富有弹性的圆球状，整个圆球无突出气泡，底部中央呈旋涡状。熟练后，左右手可以同时进行滚圆。

单手滚圆　　　　　　　双手滚圆

3. 软质面包面坯的造型

（1）**面坯造型的意义**　面坯通过造型设计可以做出产品所需的形状，赋予产品特定的外观。

（2）**造型的基础操作方法**　面团的造型有手工塑形和机器塑形两种方式。手工塑形更加多变和灵活，适用于小批量的产品生产；机器塑形迅速，制成的都是较为简单的形状，但是产量比较高。

手工塑形的手法有许多种，常见的有揉圆、搓条、擀制、卷起、包馅等，可以单独成型，也可以相互配合使用，灵活性比较高。

4. 软质面包制品的装盘

（1）**面包装盘的含义**　面包装盘是指面团基本成型后，将面团放置在模具中或者烤盘中，进行最后醒发的过程。

（2）**软质面包装盘的一般方法**　面团在经过整形后，放在烤盘上，再置于醒发室中进行最后醒发。

同时，为了使整形面团的外形不发生变化，且内部组织能够更好地舒展，有些面团可以用模具来固形。

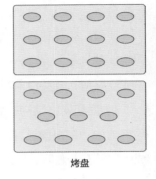

烤盘

1）烤盘。将成型的面包放在烤盘中，也称烤盘式烘烤，大多针对 40~60g 的面团制作。此类面包摆放需要注意间距，避免面团发酵后彼此粘连，一般多采取对称或者等间距式的摆放方式。

2）模具。面包模具常用于造型面包和吐司的制作，将面团整形完成后放入模具中，进行最后发酵，使面团的发酵生长与模具样式匹配，之后进行烘烤定形。

常见的模具材质有耐烘烤纸、铝合金等。

2.2.2 醒发箱的使用方法

1. 醒发箱的工作原理

一般面包的基础醒发和最终醒发都需要放在醒发箱中进行，现在使用的醒发箱普遍带有湿度、温度调节按钮。通过调节相关数值，可以营造出具有特定温度和特定湿度的醒发环境，即醒发箱可以创造恒温、恒湿的发酵环境。

醒发箱主要靠电热管将箱内的空气加热，产生温度变化。醒发箱带有水槽，水槽内的水通过加热蒸发，会对空间内的湿度产生直接影响。

2. 醒发箱的一般使用方法

（1）湿度和温度的设定　醒发箱配有湿度和温度调节系统，可以根据使用说明调节按钮将箱内环境调到所需状态。一个稳定的环境对面团发酵至关重要。

（2）补水　不同的醒发箱补水系统是有区别的，大致有自动补水和手动补水两类。使用时注意观察，防止箱内无水的情况发生，避免损伤机器。

2.2.3 软质面包的醒发方法

1. 基础发酵

（1）基础发酵中发生的变化　基础发酵发生在搅拌过程之后，是面包制作的关键性环节，其主要目的是使面团经过一系列生物化学变化，产生多种物质，改善面团质地和加工性能，丰富产品风味，使面团膨发，同时能帮助面团的物理性质达到一个更好的状态。

在这一过程中，还有多种物质都发生了变化。

1）糖的变化。在基础发酵过程中，酵母菌在各种酶的综合作用下，将面团中的糖分解，生成二氧化碳、酒精。在这期间，面团中大部分多糖、双糖、单糖会在不同酶的辅助下生成酵母菌的食物（直接或者间接），给予酵母菌生长繁殖的可能。

2）淀粉的变化。淀粉是由葡萄糖分子聚合而成的，是面团中的主要物质，也是糖类的"大宝库"。面粉中的受损淀粉（每种面粉中的受损淀粉含量不一样）能在面团发酵过程中产生分解。

在面粉中存在着天然的淀粉酶，分别是 α - 淀粉酶与 β - 淀粉酶，两种酶的作用产物是不同的。首先是 α - 淀粉酶使受损淀粉发生分解，生成小分子糊精，糊精在 β - 淀粉酶的作用下生成麦芽糖，麦芽糖再在酵母菌的作用下生成葡萄糖，最终为酵母生长所需。

3）面筋网络结构的变化。面团在经过搅拌之后，其中的面筋蛋白形成了具有空间立体的网络结构。在发酵过程中，酵母菌产生大量的二氧化碳气体，这些气体在面筋网络组织中形成气泡并不断膨胀，使面筋薄膜开始伸展，产生相对移动，使面筋蛋白之间结合得更加妥帖。

但是如果发酵过度，气体膨胀的力度超过了面筋网络结构承受的界限，那么面筋就会被撕断，网络结构变得非常脆弱，面团发酵就达不到预期效果，甚至使面团产生塌泄。如果发酵不足的话，面筋没有达到很好的延伸，蛋白质之间无法很好地结合，面团的柔软性等物理性质就达不到最好状态。

4）面团内部其他菌种的变化。在发酵过程中，除了酵母菌会大量繁殖外，其他微生物也会繁殖，如乳酸发酵、醋酸发酵等，适度的菌种繁殖对面包风味会产生积极影响，但是量不能过多，过多的酸会使面团产生恶臭气味。

产酸菌种多来自环境、空气，使用的材料、承载器物等，所以要注意制作中直接接触器具和工具等方面的清洁与消毒工作，尤其是在酵种制作环节中。

（2）基础发酵的基础工艺

1）盛放工具。面团在基础发酵过程中会产生膨胀，所以用于盛放面团的工具需要有一定的空间。

在放入面团之前，可以在盛器内部擦上一薄层油或者喷上一层脱模油防粘。在正式发酵前，需要先将面团的表面整理光滑。盛放工具的大小要与面团的大小相配合，不能将小面团放入过大的箱子里，否则面团有可能因为重力作用而四散坍塌，而不能很好地膨胀；也不能将大面团放入过小的箱子中，因为面团会不断向四周膨胀，产生持续挤压，影响膨胀效果。

盛放工具

2）翻面。翻面是指面团发酵到一定时间后，重新拾起面团，将面团进行折叠翻转的一种操作手法，是面团发酵过程中的常见操作。翻面对面包制作有着一定的影响，具体表现在以下几点。

①使面团内外的温度一致，面团整体的温度更加均匀。一般是每 30~40min 进行一次翻面。

②增加面团的纵向筋度。一般的揉面过程是增加面团的

翻面

横向筋度，而翻面则增加面团的纵向筋度，使面团的筋度更好地进行上下延伸。

③给酵母菌更好的环境。酵母菌发酵需要空气和养分，而翻面可以给酵母菌更换气体环境，使其外部的生存条件更适合酵母菌继续繁殖生长。

3）基础发酵完成。面团在经过发酵这个复杂的过程后，会使面团的整体质地达到最佳状态。检查面团发酵是否完成较简单的方法是手触法：即用手轻轻按压一下面团，在面团上形成一个孔洞，手指离开后观察面团的状态。

下面是一组用手在面团中央按压，面团表面与孔洞的变化的虚拟图，左起图 1 为基础发酵不足的面团；图 2 为基础发酵过度的面团；图 3 为基础发酵正常的面团。

图 1 表现为发酵不足：面团有复原趋势，孔洞变小。

图 2 表现为发酵过度：面团坍塌，面团表面有许多大气泡。

图 3 表现为发酵正常：面团孔洞虽然稍有变小，但是大体是可以保持原状的。

除此之外，也可以通过"闻"来简单确认，如果面团发酵略带一点儿不刺鼻的酸味，则说明发酵程度正好；如果面团酸味较大，则说明发酵过度。

2. 中间醒发

（1）**中间醒发的含义**　中间醒发发生在面团分割滚圆后，又称为静置。在中间醒发过程中，面团可以恢复因分割滚圆失去的弹性、延伸性等各类性能。中间醒发对于许多面包制作有着必需性。

（2）**面团中间醒发的要求**　中间醒发一般在常温环境下即可完成，时间大概在15min。

3. 最终醒发

（1）**最终醒发的目的**　最终醒发是面团在烘烤前的最后一次发酵，面团在经过整形后，已经具备一定的形状，最终的发酵过程可以使面团内部因为整形而产生的"紧张状态"得到松弛，使面筋组织得到进一步增强，改善面团组织内部结构，使组织分布更加均匀、疏松。

最终醒发可以帮助面团进一步积累发酵产物，使面团产生更多丰富的物质来增添成品风味，同时使面包达到所需要的体积。

（2）**最终醒发的条件**

1）最终醒发的温度。温度的选择对于面包发酵是非常重要的。如果温度过高，会使酵母活性减弱，发酵速度减慢，同时会加重面团内外部的温度差，造成发酵不均匀的现象。还需注意的是如果面团使用的油脂熔点较低，外界温度过高会导致油脂熔化，影响面团的发酵体积，造成面包成品的质量下降。

2）最终醒发的湿度。一般最终醒发的相对湿度控制在78%~80%，湿度过高会使制品外表过黏，易引起塌陷；湿度过低，会造成产品外皮过干，影响膨胀体积。

3）最终醒发的时间。应根据外界环境来观察面包的实际变化。在一定范围内，一般温度越高，发酵时间就越短。发酵时间过长，面包内部组织会变得粗糙，也可能造成组织崩塌；发酵时间过短，膨胀体积会小。

2.3 面包成熟

2.3.1 软质面包的烤箱烘烤

1. 面包烘烤成熟过程中的变化

在面包烘烤的过程中，烤箱内同时有着三种传热方式，即传导、对流、辐射。对于不同种类的烤箱来说，三种传热的方式有主次区别。

通过三种方式的传热，面团从"生"到"熟"，这里涉及面团温度、水分、体积等多个方面的变化。

（1）**面团中的水分变化**　在面团温度慢慢升高的过程中，水分开始受热蒸发。面团内部的水蒸气受热膨胀，这也是面团膨胀的原因之一。

（2）**酵母的变化**　面团在入炉后、在内部温度未达到酵母菌灭活温度前，酵母菌依然会大量产气。随着面团温度慢慢上升到38~40℃时，酵母菌产气能力达到最强，面团会继续膨胀；达到40~60℃时，面团的产气能力逐渐下降；过了60℃之后，酵母菌开始死亡，停止产气。

（3）**体积的变化**　一般在面团入炉后的5min左右，面团的膨胀是能够明显看到的。持续加热，直至面团的体积达到最大值，之后面团体积逐步定形。在酵母菌死亡之前，面团中之前工序积累的气体、入炉后急速产出的气体、面团内部产生的水蒸气等多种因素共同影响了面团的膨胀体积。

（4）**表皮变化**　除多层面包外，一个完整的非多层面包面团整体的材料组成均匀，在入炉后，烤箱内部的温度由外及里地在面团整体中传导，表层的水分通过蒸发逐渐消失，直至完全失去。在最外层无水时，"表皮"会继续向内部"占领区域"，直至烘烤完成，形成肉眼可见的表皮。

对于多层面包来说，如丹麦面包，虽然面团外表也会有一层表皮，但是由于内部层数较多，内部水分也会沿着每层的边缘向外迅速蒸发，所以多层类产品的失水量较普通面团要大，层次也比较明显。

（5）**淀粉的变化**　淀粉在常温下是不溶于水的，在烘烤加热至55~65℃时，淀粉粒开始大量地吸水膨润，淀粉的物理性质发生明显的变化，在继续高温膨润后，淀粉粒子会发生分裂，形成糊状溶液，这个过程被称为淀粉的糊化。

淀粉在处于糊化状态时，呈分散性质的糊化溶液状，这个状态下的面团内部黏性非常大，在温度继续增加的情况下，糊化状态下的水分开始被蒸发，分散的淀粉粒子逐渐失去水分，淀粉能够在面团中固定在某一位置上，成为稳定面包内部的组织结构之一，帮助并促使面包内部成型。所以，淀粉的糊化是面包内部结构形成的重要起点之一。

（6）**面筋蛋白的凝固**　伴随着面团内部的淀粉糊化，温度达到60~75℃时，蛋白质逐步发生变性，发生凝固现象，超过80℃时，面团内部蛋白质相互合成的面筋网络结构就完全凝固，帮助面团内部组织稳定，并完成固定。

（7）**颜色变化**　随着烘烤的进行，面包表皮的颜色会从原始面团色慢慢转变成黄色、金色、褐色、深褐色甚至黑色，这种变化主要来自非酶褐变反应。

非酶褐变是指在不需要酶的作用下而产生的褐变，主要有焦糖化反应和美拉德反应两类反应。

在初期，面团所承受的温度不是很高，糖类所发生的焦糖化反应不是很明显。面包的表皮颜色主要与美拉德反应有关。

美拉德反应物是氨基化合物和还原糖，根据氨基化合物种类与还原糖种类的不同，褐变反应形成的外观也不同。例如，在面包制作中常会在表皮刷层蛋液，这是因为鸡蛋中的蛋白质与葡萄糖或者转化糖相结合时，产生的色彩美观且有光泽，如果只是面团的蛋白质与转化糖相结合，那么产生的褐变颜色就没有前者好看。

2. 面包烘烤的设备

比较常见的烘烤设备有平炉、风炉、旋转炉等。

（1）**平炉**　平炉通过加热管进行加热，可调节上下火的温度，具有喷蒸汽功能。

（2）**风炉**　风炉在加热管加热的基础上，添加热风循环系统，通过风道结构设计实现进风口与出风口的结合，形成热风对流，使炉腔内温度均匀。

平炉

风炉

（3）旋转炉　旋转炉体型比较大，带有热风循环系统，炉内温差小，烘烤产品受热比较均匀，生产能力比较大，但是耗能也比较高。

2.3.2　软质面包的油炸成熟

1. 面包油炸成熟的原理

利用油炸的热度来制作产品是软质面包成熟的途径之一。当油脂达到一定温度后，对流热可以将面坯加热成熟。

2. 油炸的注意事项

常见的油炸设备有制作油炸制品专用的设备器具，其具有油温自动控制系统，炉内含有加热管，通电后产生热量传导给油脂，使油脂升温。当油温达到工艺制作要求后，即可进行油炸工作。具体注意事项如下：

（1）油脂种类　低温油炸的温度为130~170℃，高温油炸的温度为170~230℃，面包油炸温度为170~190℃的较为常见。

在选择油脂时，理论上是烟点越高，在油炸时产生的有害物就越少，这个需要考虑油脂在高温环境下的稳定性和氧化速度。油脂中含有脂肪酸不同，氧化速度会不一样，其中饱和脂肪的稳定性最高。油脂越不容易氧化，高温时产生的脂质过氧化物就越少，所以油炸宜选择饱和脂肪酸，如棕榈油、氢化油脂、花生油等。

油炸

（2）油炸时间　油炸时间一般在 5~10min，具体情况视产品大小而定。炸制完成后，可以使用滤网进行油脂过滤，或者使用吸油纸吸去多余的油脂。

2.3.3　判断软质面包成熟的方法

1. 烘烤软质面包的质量标准

（1）组织结构要求　成熟的软质面包内部组织松软，气孔均匀。

（2）色泽要求　表皮色泽均匀，呈金黄色。

（3）形态要求　造型整齐，大小一致，柔软细致。

2. 油炸软质面包的质量标准

油炸软质面包成熟后，色泽棕黄，松软度较好，内部不含油，外部没有多余的油脂。

牛奶哈斯

原料配方

面团配方

高筋面粉	350g	干酵母	7g
低筋面粉	150g	蛋黄	25g
盐	10g	牛奶	320g
砂糖	35g	黄油	40g

制作过程

1）将除黄油外的材料依次放入搅拌缸中。

2）将面团搅拌至表面光滑、有弹性，加入黄油。

3）继续搅拌，至面团完成阶段。

4）将面团放在温度为 30℃、湿度为 75% 的环境下发酵 60min。

5）发酵完成后，将面团取出，分割成300g/个，滚圆，室温下静置松弛20min。

6）用擀面杖将面团擀开成椭圆形。

7）再从上至下将面团卷成圆柱形。

8）将面团放入烤盘中，在温度为 30℃、湿度为 75% 的环境下发酵 60min。

9）发酵完成后，用刀在表面划上刀口。

10）放入烤箱中，以上火200℃、下火190℃，喷蒸汽烘烤25min。

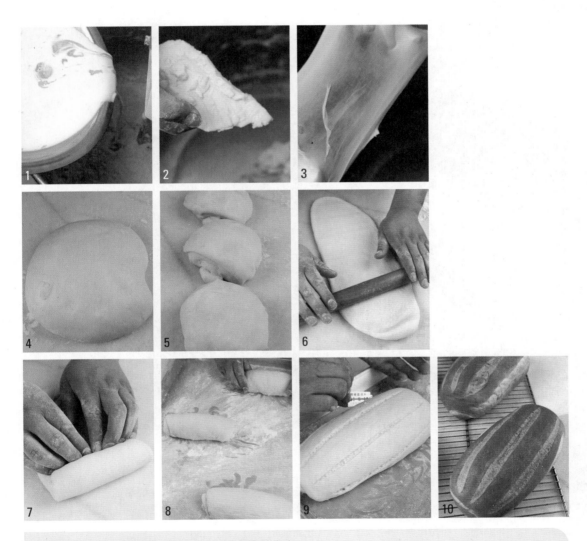

制作关键　1）面团卷制后，接口朝下放在烤盘中。

　　　　　　2）割口要均匀，深度要掌握好。

质量标准　金黄色，大小均匀，入口松软，割口鲜明。

雪白奶酪面包

原料配方

面团配方

高筋面粉	500g	酸奶	30g
砂糖	100g	干酵母	6g
盐	6g	奶粉	15g
全蛋液	75g	水	183g
牛奶	50g	黄油	60g
烫种	100g		

雪白酱

砂糖	165g
全蛋液	275g
SP 乳化剂	5g
低筋面粉	275g

奶酪馅

奶酪	150g
糖粉	30g
蔓越莓	30g
橙皮	15g

制作过程

- **雪白酱**

  将所有材料一起搅拌至浓稠状。

- **奶酪馅**

  将所有材料一起拌匀即可。

- **面团与组合**

1）将除黄油以外的其他材料放入搅拌缸中，一起搅拌至表面光滑有弹性，然后加入黄油，搅拌至面团形成较薄的筋膜。

2）取出面团，放入温度为 30℃、湿度为 75% 的环境下醒发 40min。

3）取出，将面团分割成 60g/ 个，滚圆，室温下静置松弛 20min。

4）在面团中包入 30g 的奶酪馅。

5）将整体放入纸托中。

6）将整体置于温度为 30℃、湿度为 75% 的环境下发酵 40min。

7）取出面团，在面团表面以绕圈的方式挤上雪白酱。

8）将面团放入烤箱中，以上火 200℃、下火 180℃烘烤 15min。

知识拓展

烫种配方	面粉　100g　　开水　100g
制作过程	将面粉和水放入盆中，用刮刀翻拌均匀后，盖上保鲜膜，放入冰箱冷藏保存。
制作关键	1）面粉与开水混合完成后，整体温度应该在 80℃左右。 2）面粉的糊化温度一般在 55~85℃，将糊化过的面团添加到面包制作中，可以增加面包软糯的口感。

雪白酱　　　　　奶酪馅　　　　　面团与组合

制作关键	1）面团包入馅料后，将接口朝下放在纸托中。 2）挤雪白酱时可以改变挤出方式，做出其他造型。
质量标准	内部松软，外表香脆，大小均匀。

菠萝包

原料配方

面团配方

高筋面粉	400g	全蛋液	60g
低筋面粉	100g	烫种	100g
砂糖	100g	牛奶	250g
盐	6g	黄油	60g
干酵母	5g		

菠萝皮

黄油	50g
糖粉	60g
全蛋液	20g
奶粉	7g
低筋面粉	80g

制作过程

- **菠萝皮**

  将黄油和糖粉拌均匀，分次加入全蛋液，搅拌均匀，再加入过筛的低筋面粉和奶粉，拌均匀即可。

- **面团与组合**

1）将除黄油外的其他材料放入搅拌缸中，开始搅拌。

2）搅拌至面团表面光滑有弹性，加入黄油。

3）继续搅拌至面团能拉开光滑筋膜即可。

4）将面团放在温度为 30℃、湿度为 75% 的环境下发酵 50min。

5）取出，将面团分割成 60g/ 个。

6）滚圆，室温下静置松弛 20min。

7）将菠萝皮面团分割成 20g/ 个。

8）将菠萝皮包在面团的表面上。

9）可以将整体倒扣在手掌中心，将菠萝皮完整地包住面团。

10）包好的表皮覆盖得比较均匀，整体呈圆形。

11）在表面均匀地粘上砂糖。

12）用切面刀在表面卡上菠萝印（或者用菠萝印模具进行印刻）。

13）将面团放入烤盘中。

14）放入温度为 30℃、湿度为 70% 的环境下发酵 50min。

15）取出，放入烤箱中，以上火 200℃、下火 180℃烘烤 13min。

菠萝皮　　　面团与组合

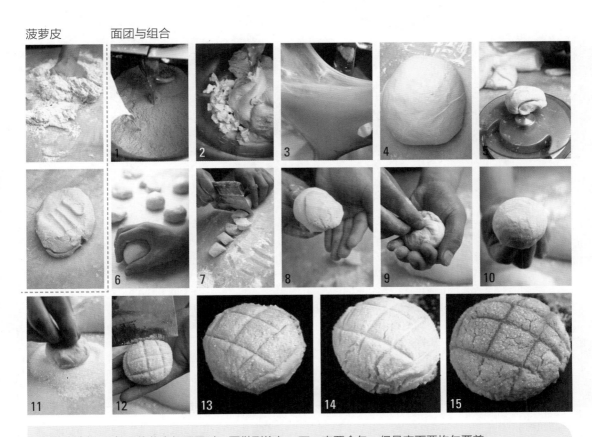

制作关键	1）用菠萝皮包面团时，要做到均匀，不一定要全包，但是表面要均匀覆盖。
	2）在表面印上菠萝印时，需要注意力度，不要露出内部的面团。

质量标准	内部松软，外表香脆，大小均匀。

巧克力多拿滋

原料配方

面团配方

高筋面粉	300g	盐	5g
炼乳	12g	黄油	45g
白砂糖	30g	奶粉	23g
干酵母	4g	水	195g

装饰

白巧克力	200g
橙皮丁	20g

制作过程

1）将除黄油以外的其他材料放入搅拌缸中，以慢速搅拌均匀，至呈团状且表面光滑。

2）加入黄油，继续搅拌至面团用手能拉出均匀的筋膜。

3）将面团取出，揉圆。放入烤盘中摊开，在表面覆上保鲜膜，入醒发箱，以温度28℃、湿度75%醒发60min。

4）取出，将面团用手拍平或者稍稍擀平，用刀切除边料，使整体呈长方形。

5）用刀将面片分割成若干三角形，60g/个。

6）将切好的面片放入烤盘中，在表面覆上保鲜膜，入醒发箱，以温度28℃、湿度75%醒发40min。

7）取出，置于室温下放5min。

8）在平底锅中加入一定量的色拉油，加热到175~180℃，再把面包放入油锅内，炸6~8min，至呈金黄色即可。

9）捞出炸好的面包，放在网架上至面包冷却。

10）把白巧克力隔水熔化，将面包沾上白巧克力液，静置至凝固即可。

11）最后在面包上放上橙皮丁，或者点缀水果也可以。

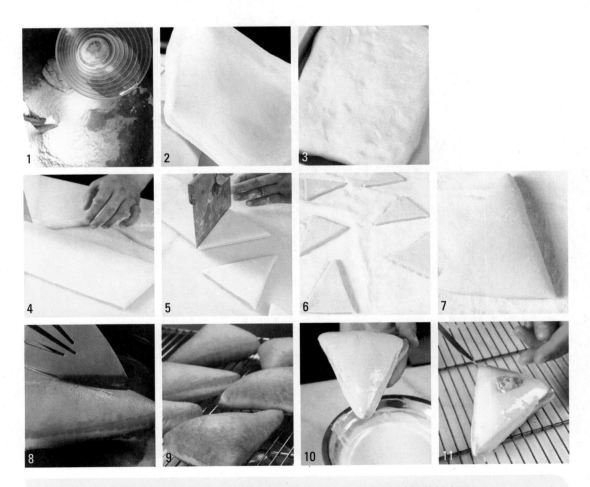

制作关键　1）面包在炸制完成后，需要沥干油分和晾凉，不要使面包直接接触桌面。
　　　　　2）面包在完全晾凉之后再进行巧克力装饰。

质量标准　面包香软可口，香味丰富。

麻花面包

原料配方

面团配方

高筋面粉	1000g	全蛋液	240g
幼砂糖	120g	水	410g
盐	15g	有盐黄油	50g
脱脂奶粉	30g		
鲜酵母	30g		

装饰材料

● 香草糖		● 肉桂糖		● 黄豆糖	
香草籽	5g	肉桂粉	30g	熟黄豆粉	50g
幼砂糖	100g	幼砂糖	500g	幼砂糖	150g
				盐	1.5g

制作过程

- 装饰材料

  将香草糖、肉桂糖、黄豆糖的材料分别混合均匀即可。

- 面团与组合

1）将除黄油以外的其他材料放入搅拌缸中，以低速搅拌至材料混合均匀。

2）加入有盐黄油，先低速搅拌至与面团混合，再快速搅拌至面团能形成均匀的筋膜。

3）将面团取出缸，表面整理光滑后放入周转箱中，室温下静置松弛 1h 左右，进行一次翻面，继续醒发 20min 左右。

4）将面团切割成 40g/ 个。

5）将每个面团滚圆。

6）室温下静置松弛 15min 左右。

7）取出小面团，用手将面团搓长，使中间粗、两端细。

8）将面团弯曲摆放成 U 字形，然后用手将两端相互交叉成麻花形。

9）将面团放入烤盘中，入温度为 28℃、湿度为 80% 的醒发箱中醒发 45min 左右。

10）将色拉油放入锅中，加热至油温 180℃，放入醒发好的面包，炸至金黄色。

11）用木制筷子将面包取出，放在网架上，沥干表面的油分。

12）待其冷却后粘上香草糖或者肉桂糖或者黄豆糖，便可以食用。

质量标准　　面包香软可口，香味丰富。

复习思考题

1. 什么是软质面包？软质面包具有哪些特点？

2. 常用于面包面团搅拌的搅拌机是哪几种？

3. 在搅拌面包面团原材料之前，需要对面粉材料进行哪些细节调整？

4. 面团基础搅拌一般有哪几个阶段？

5. 什么是直接发酵法？

6. 面团滚圆具有哪些作用？

7. 在软质面包基础发酵过程中，翻面有哪些作用和目的？

8. 中间醒发对于软质面包制作有什么必要性？

9. 面包烘烤过程中通过哪些方式传热？

10. 面包油炸成熟时使用的油温范围是多少？

项目 3

蛋糕制作

▼ ▼ ▼

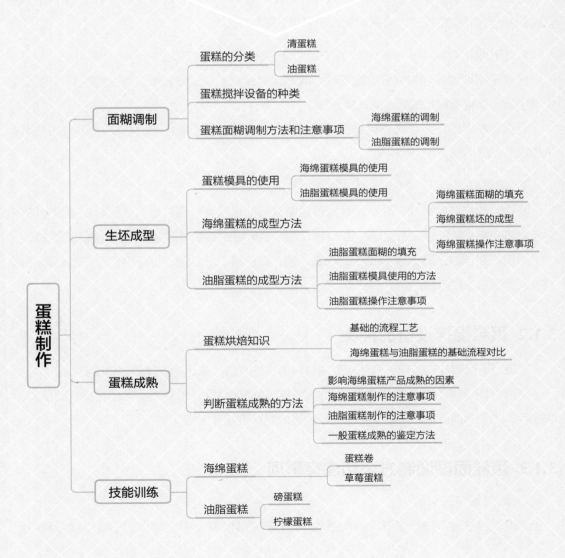

蛋糕制作
- 面糊调制
  - 蛋糕的分类
    - 清蛋糕
    - 油蛋糕
  - 蛋糕搅拌设备的种类
  - 蛋糕面糊调制方法和注意事项
    - 海绵蛋糕的调制
    - 油脂蛋糕的调制
- 生坯成型
  - 蛋糕模具的使用
    - 海绵蛋糕模具的使用
    - 油脂蛋糕模具的使用
  - 海绵蛋糕的成型方法
    - 海绵蛋糕面糊的填充
    - 海绵蛋糕坯的成型
    - 海绵蛋糕操作注意事项
  - 油脂蛋糕的成型方法
    - 油脂蛋糕面糊的填充
    - 油脂蛋糕模具使用的方法
    - 油脂蛋糕操作注意事项
- 蛋糕成熟
  - 蛋糕烘焙知识
    - 基础的流程工艺
    - 海绵蛋糕与油脂蛋糕的基础流程对比
  - 判断蛋糕成熟的方法
    - 影响海绵蛋糕产品成熟的因素
    - 海绵蛋糕制作的注意事项
    - 油脂蛋糕制作的注意事项
    - 一般蛋糕成熟的鉴定方法
- 技能训练
  - 海绵蛋糕
    - 蛋糕卷
    - 草莓蛋糕
  - 油脂蛋糕
    - 磅蛋糕
    - 柠檬蛋糕

3.1 面糊调制

蛋糕是以鸡蛋、糖、油脂、面粉为主要原材料，通过搅打使材料混合形成面糊，后期经过注模、烘烤形成的具有膨松性、细腻、柔软且有一定弹性的制品。

3.1.1 蛋糕的分类

蛋糕是西式面点中较为常见的制品，根据用料和加工工艺的不同，可以分为清蛋糕和油蛋糕两大类。

清蛋糕和油蛋糕的用途极广，可以通过切割、卷制、涂抹、模具塑形等方法制作出各种款式的制品，实用性较高，是装饰蛋糕的常用支撑制品。

1. 清蛋糕

相对于含有大量油脂成分的油蛋糕，清蛋糕中只含有少量或者不含有油脂成分。清蛋糕中常见的品类有海绵类蛋糕、戚风类蛋糕。

清蛋糕制作的主要原料有鸡蛋、糖、面粉等，膨松性主要来自鸡蛋打发，可以加入辅料来增加产品的风味。

2. 油蛋糕

油蛋糕也称油脂蛋糕，是指含有较多油脂成分的松软类蛋糕制品，根据含油脂成分的多少分为重油脂蛋糕和轻油脂蛋糕两类，制作工艺有糖油搅拌法、粉油搅拌法、全料搅拌法等。

油蛋糕制作的主要原料有油脂、鸡蛋、糖、面粉等。产品膨松性来自三个方面，即油脂打发、鸡蛋打发和膨松剂。

3.1.2 蛋糕搅拌设备的种类

在进行蛋糕搅拌的时候，需要根据原材料的特性来选择合适的搅拌机或者工具。

蛋糕制作常用的设备有台式搅拌机、手持电动搅拌机等，也有一些手动工具，如刮刀、刮板等。对于不同质地的产品混合应选择适当的搅拌机或者工具。

3.1.3 蛋糕面糊调制方法和注意事项

1. 海绵蛋糕的调制

清蛋糕通过充分搅打蛋液来裹入空气，使其在后期烘烤中产生膨胀。海绵蛋糕是其中比较有代表性的一类蛋糕。

海绵蛋糕是使用全蛋搅拌法制作的蛋糕，油脂成分可加可不加。蛋糕成品色泽金黄，质地松软，香甜细腻。

（1）海绵蛋糕制作的主要原料

1）面粉。海绵蛋糕追求膨松性和松软度，在制作过程中需避免面粉产生的筋力过大，宜选择低筋面粉，也可以使用淀粉来替代部分面粉从而进一步削弱整体的筋度。

2）鸡蛋。鸡蛋是使海绵蛋糕膨松的基础材料，对蛋糕制品的质量呈现有着决定性作用，其作用产生的原理具体表现在以下几个方面。

①鸡蛋的起泡性。鸡蛋的蛋白中含有大量的蛋白质，通过机械运动可以使蛋白质变性，裹入气体并产生泡沫，使制品的体积增大。在一定范围内，搅打得越充分，蛋白泡沫膨胀得越大。

蛋黄中的成分比较复杂，蛋白质含量较少且脂肪含量不低，所以起泡性要远远小于蛋白，同时蛋黄中的蛋白质稳定性也较高，打发难度比较大。

在打发前，宜选择常温状态下的鸡蛋（25℃左右），低温下的蛋液打发难度会变高。

②鸡蛋的乳化性。蛋黄中含有卵磷脂，这种成分是天然的乳化剂，具有亲水和亲油的双重性质，在蛋糕制品中可以帮助油水更好地混合，使产品内部组织更加细腻。

③鸡蛋的热凝固。鸡蛋中含有大量的蛋白质，经过加热后，会发生热变性现象，变成固体，对蛋糕的稳定与成熟有较大的助力作用。

3）糖。糖在鸡蛋打发中经常会用到。糖类可以使制品整体结构更加稳定，增加整体的黏性，增加泡沫的韧性。同时，糖类在烘烤时也会帮助制品上色。

制作中宜使用粉质比较细腻的砂糖，常用的有细砂糖等。

4）油脂。添加一定的油脂可以使制品组织更加细腻、柔软，常使用色拉油等精制油或者熔化的黄油。在使用油脂时需要考虑油水的乳化问题，避免制品产生油水分离。

5）牛奶。牛奶可以增加制品的细腻度，在烘烤时也会帮助上色。最主要的是，牛奶作为液体可以在制作中起到调节稠稀度的作用，增加制品的水分含量。

6）食品乳化剂。食品乳化剂的主要功能是使互不相溶的液体材料能够达到统一的质地，使制品内部组织更加细腻，结构更加稳定，内部成分分布得更加均匀。

（2）海绵蛋糕的基础搅拌工艺 海绵蛋糕的基础制作是先将全蛋液与糖混合搅拌打发至原体积的三倍左右，整体呈现浓稠的乳白色糊状，之后加入粉类完成混合搅拌。

如果需要加入油脂性材料，就要考虑质地统一，可以加入适量的食品乳化剂来增加整体的乳化能力。

如无油脂材料加入，一般流程如下：

1）称量好对应的材料。

2）准备好需要的工器具，确保干净无水。

3）将全蛋液和糖放入搅拌缸中，使用网状搅拌器搅拌，至整体体积增大三倍左右，形成乳白色的浓稠面糊。

4）加入过筛的粉类，混合均匀。

5）放入模具内。

6）放入烤箱，进行烘烤。

如有油脂材料加入，一般流程如下：

1）称量好对应的材料。

2）准备好需要的工器具，确保干净无水。

3）将全蛋液、糖和食品乳化剂（可不加）放入搅拌缸中，使用网状搅拌器搅拌，至整体体积增大三倍左右，形成乳白色的浓稠面糊。

4）加入过筛的粉类，混合均匀。

5）取适量面糊与油脂混合均匀，再与其他面糊混合均匀（油脂量较少的情况下，可以直接混合全部面糊，不用分次）。

6）放入模具内。

7）放入烤箱，进行烘烤。

（3）操作注意事项

1）无特殊要求的话，粉类都选择低筋面粉，使用前进行一次过筛。

2）鸡蛋要选择新鲜的，并注意使用前将其调整到最佳的打发温度。

3）加入面粉后，不宜搅拌时间过长；如果粉类较多的话，建议分次加入，避免长时间搅拌使面糊起筋。这个过程中也可以加入其他风味粉类。

4）加入粉类时，注意调整搅拌速度，避免高速搅拌使粉类外飞。

5）如果需要加入的油脂量比较大，建议分次加入。如果使用的是熔化黄油，需要注意加入的温度，如果温度过低，直接接触大量面糊容易引起黄油凝固；如果温度过高，会使面糊搅拌不均匀，一般液体黄油的使用温度为50℃左右。

6）面糊在混合完成后，需要及时使用，不宜长时间存放，避免大量消泡。

7）将面糊装入模具之后，如果对外形有严格要求，需要使用刮刀或者刮板将表面抹平；可以轻轻震动模具，破除内部大气泡，使内部组织更加细腻均匀。

8）根据需要添加食品乳化剂，油脂用量较小或者制作量较小的情况下可以不使用。

2. 油脂蛋糕的调制

相比清蛋糕来说，油脂蛋糕的含油量是较大的。油脂蛋糕具有良好的风味特点，口感湿润、入口香甜。

（1）油脂蛋糕的分类　基于蛋糕中的含油量大小，可以将油脂蛋糕分为轻油脂蛋糕和重油脂蛋糕。

轻油脂蛋糕一般是指蛋糕中的含油量为30%~60%的蛋糕品类，制品多松软，内部组织均匀。重油脂蛋糕则是指配方中油脂含量为40%~100%的蛋糕品类，制品组织紧密，质感细腻。

两者在烘烤方面做对比的话，轻油脂蛋糕烘烤温度高，烘烤时间短；相反，重油脂蛋糕烘烤温度低，烘烤时间长。

（2）油脂蛋糕的主要原材料

1）油脂。在油脂蛋糕的制作中，油脂有着比较强的存在感。将油脂与糖混合打发至膨松，裹入气体，这个过程是油脂蛋糕膨松的基础之一。为了使产品有更好的呈现效果，使用的油脂需要满足几个特性。

①可塑性。油脂的可塑性可以提高产品的造型能力，可以给产品制作很大的发挥空间。在油脂与其他材料混合搅拌的过程中，油脂的可塑性可以提高整体裹入空气的能力。

②持气性。持气性是油脂可塑性的一种延伸功能，在裹入气体之后，油脂可以保存气体，使面糊中的含气量维持在稳定的范围内，从而在烘烤的过程中促使蛋糕产生膨胀，使蛋糕组织柔软。

③延迟老化。油脂能够延缓淀粉的老化时间，可以延长产品的保存期限。

2）面粉。无特殊说明外，做油脂蛋糕的面粉都选用低筋面粉。有时为了增加蛋糕整体的韧性，增大制品的承重能力，会添加一定量的高筋面粉或者中筋面粉。

3）糖。制作油脂蛋糕宜选择细颗粒的砂糖，常用的有糖粉、细砂糖等。粗颗粒的砂糖不易融合，影响产品制作时间和产品的呈现效果。

4）鸡蛋。在油脂打发的基础上，蛋白的搅拌可以进一步裹入更多的气体，提升蛋糕的膨松性；蛋黄可以提高制品中油水的混合乳化能力，使产品材料更好地融合。同时，鸡蛋可以增加制品的营养价值，帮助产品在烘烤中更好地上色，提升产品的美观度。

（3）油脂蛋糕的膨松原理　由于良好的可塑性和持气性，油脂在搅拌打发过程中裹入气体，之后加入蛋液搅拌混合时，给蛋糕面糊进一步增加了气体。后期烘烤时，气体受热发生膨胀，蛋糕整体体积增大，给制品带来松软度。

另外，可以增加少许食品膨松剂使制品膨胀得更好，如泡打粉。泡打粉是由小苏打（即碳酸氢钠）配合其他酸性材料，再以玉米淀粉为填充剂制作而成的白色粉末物质。泡打粉在与水分接触后，酸碱物质发生化学反应产生二氧化碳，使产品产生膨胀变化。

（4）油脂蛋糕的调制方法　在实践中，可将油脂蛋糕的调制方法分成油糖调制法、油面调制法以及全料搅拌法。

1）油糖调制法。油糖调制法是油脂蛋糕最常用的制作方法，适用性比较高。油糖调制法是先将油脂与糖类材料混合搅拌至整体充入足够的空气，之后混合蛋液和其他材料形成质地均匀的面糊。

知识拓展

常用的几种油脂

1. 黄油

黄油是从牛奶中提炼出来的油脂，其中脂肪含量为 80% 左右，水的含量大概为 15%，其他是牛奶中的常见成分。黄油英文名为 Butter，也有一些别名，如牛油，有时也被称为奶油。

黄油是牛奶经过搅拌、压炼等方式制作而成的。其内部主要结构是半固态的游离脂肪连续体把脂肪球、固态晶体和水滴包裹住，均匀排列的晶体在低温状态下稳定，呈现的是固体状态，而在温度高的环境下，不受"束缚"的脂肪会产生软化，甚至变为液体状态。

黄油

常见的黄油种类有如下几种。

无盐黄油：最常见的一种黄油，对比有盐黄油，也被称为淡味黄油。

有盐黄油：在黄油制作过程中加入 1%~2% 的盐，加盐后的黄油抗菌效果会增强，且风味有别于基础黄油。

发酵黄油：在乳酸菌等发酵菌种的作用下，黄油逐渐酸化后经过加工而制作成的带有特殊香味的黄油品类。

2. 人造黄油

人造黄油的基本组成结构与黄油是类似的，主要成分是脂肪和水，但是脂肪部分并非从牛奶中提取，而是由大豆油、葵花子油、菜籽油等植物油通过加工制作而成的，在制作中会加入食品乳化剂（卵磷脂、单酸甘油酯等）、保存剂（脱氢乙酸）、酸化防止剂（山梨酸、维生素等）、色素、调味剂等材料进行复合加工，达到所需状态。人造黄油也称麦淇淋，英文名为 Margarine。

片状黄油

人造黄油的风味多来自香料，在加热过程中材料性质会发生不同程度的变化，甚至变成低劣的香味，影响成品质量。黄油则很少有这种风险，烘烤加热会把黄油风味更好地发挥出来。

对比黄油来说，人造黄油的出现除了成本的优势外，还有一个比较突出的优势，即它具有非常"灵活"的熔点。因为制作原材料的不同，人造黄油成品的熔点大不相同，有的即使在冷藏下也是软化状态，塑形能力比黄油要强很多，所以对于千层类产品的制作，使用人造黄油作为"裹入"油脂要比使用黄油在制作上简单得多。

3. 起酥油

起酥油属于人造油脂，与人造黄油最大的区别是不含水分。起酥油的呈现状态有固体、液体等，其作用近似猪油。起酥油品类也较多，可分为植物性起酥油、动物性起酥油、动植物混合型起酥油。因为其不含水分，所以霉菌较难繁殖，储存能力非常强。

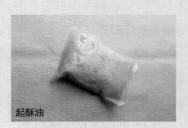

起酥油

一般操作方法如下：

①将油脂和糖类材料混合，搅拌至整体泛白，充入大量的空气。

②加入蛋液，继续搅拌融合均匀。

③加入面粉等其他配料，混合均匀。

④放入模具内。

⑤放入炉中烘烤。

2）油面调制法。油面调制法是先将油脂和面粉一同混合，至充分融合后，再加入其他材料融合的制作方法。这种方法适用于油脂用量占比较小的蛋糕制作。

一般操作方法如下：

①将配方中的细砂糖或者糖粉混合蛋液搅拌至完全混合，整体呈浓稠状，备用。

②将油脂和过筛的面粉混合搅拌，至颜色开始发白，整体呈疏松状。

③将蛋液与糖的混合物缓慢分次加入油粉混合物中，搅拌至融合。

④可根据口味需要，增加其他材料混合均匀。

⑤放入模具内。

⑥放入炉中烘烤。

上面示例中的操作方法将蛋液裹气能力最大化发挥出来，弥补油脂充气量不够的缺憾。在实际制作过程中，可以先将油脂与面粉混合搅拌，再依次添加其他材料。

3）全料搅拌法。全料搅拌法适用于油脂含量比较高的蛋糕制作，即将油脂、鸡蛋、面粉、糖一起混合搅拌至所需状态，因为油脂占比较高，其他材料的影响力会相对变弱。

一般操作方法如下：

①将油脂、面粉、鸡蛋、糖类材料混合搅拌至均匀质地，整体浓稠，体积增大。

②根据制作需要，加入其他配料，混合均匀。

③放入模具内。

④放入炉中烘烤。

在实际制作过程中，蛋液可以在搅拌完其他材料之后加入，避免一次性搅拌难度大，后期也可分次加入。

（5）操作注意事项

1）可以使用淀粉替代部分面粉，以减少面糊的筋度，使制品更加疏松。

2）油脂一般选择黄油，使用前，需将黄油调整到20℃左右，呈现软化状态，便于搅拌充气和混合其他材料。黄油具有浓郁的奶香味，色香纯正。缺点是对温度比较敏感，低温下状态比较硬，不宜混合；34℃左右时，会逐渐熔化成液体。

3）人造油脂的熔点较高，有较强的塑形能力，但奶香味不足，略带刺激性香味。

4）混合砂糖时，需要注意搅拌至融合，避免糖颗粒影响制品的外观。同时在选择糖制品时，尽量选择颗粒小的砂糖制品或者糖粉。

5）搅拌油脂类蛋糕原料时宜选择扁平式搅拌器，其混合强度比较大，不易被损坏。

3.2 生坯成型

3.2.1 蛋糕模具的使用

蛋糕面糊在制作完成后，需要依托模具来支撑，通过烘烤定型，完成产品制作。

1. 海绵蛋糕模具的使用

（1）海绵蛋糕模具种类　从材质上来说，常用的蛋糕模具有铝合金、陶瓷、硅胶、不锈钢、耐烘烤纸杯等。

蛋糕模具的组成结构有的是一体式，有的是拼接组合或者套装，有固底蛋糕模具和活动底蛋糕模具两种常见类型，具体使用根据需要选择，遵循模具的使用说明进行制作。在完成制作后，需要对模具进行对应的保养和储存工作。

蛋糕模具形状多变，常见的有圆形、方形、心形、菊花形等，型号众多。

 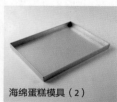

海绵蛋糕模具（1）　　　　海绵蛋糕模具（2）

（2）海绵蛋糕模具的选用　在确定造型的基础上，还需要选择大小合适的模具。在相同条件下，油脂含量较高的蛋糕面糊不易成熟，使用的模具不宜过大；相反，油脂含量少较易成熟的蛋糕可选择的模具要更多变。同时，使用模具的大小与蛋糕面糊的填充厚度有直接关系。

2. 油脂蛋糕模具的使用

（1）油脂蛋糕模具种类　油脂蛋糕模具的材质常见的有不锈钢、铝合金、陶瓷、耐烘烤纸杯等，有时也可以使用吐司面包的模具。

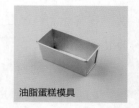

油脂蛋糕模具

（2）油脂蛋糕模具的选用　因为高含油量，所以油脂蛋糕的烘烤时间一般比较长，体积越大烘烤时间越长，相应的烘烤温度会偏低。在模具选用方面，要考虑烘烤时间、烘烤温度与产品大小之间的关系，选择适宜的模具和对应的烘烤模式。

3.2.2 海绵蛋糕的成型方法

1. 海绵蛋糕面糊的填充

将蛋糕面糊填充进蛋糕模具时，需要考虑模具大小、蛋糕面糊的成熟难度以及填充厚度等多方面的问题。

一般在确定模具后，填充至模具的七八分满，剩余的空间可以有效承装因膨胀而鼓发的部分。填充量过多，可能会造成膨发溢出，既影响美观又造成浪费；填充量过少，在相同的烘烤条件下，会使蛋糕内部水分蒸发过多，影响蛋糕的整体口感。

蛋糕面糊可以通过直接倾倒或者用裱花袋挤入的方式进行入模填充。

2. 海绵蛋糕坯的成型

将面糊倒入模具后，可以通过刮板或者抹刀整理蛋糕外形，或者使用震动的方式将表面震平，之后通过烘烤成熟。成型产品样式和模具样式有直接关系，蛋糕模具决定蛋糕坯的整体形状。

海绵蛋糕烤盘成型（1）　　海绵蛋糕烤盘成型（2）　　海绵蛋糕模具成型（1）　　海绵蛋糕模具成型（2）

3. 海绵蛋糕操作注意事项

1）蛋糕面糊装入模具后，需要立即进行烘烤，避免存放时间过长引起消泡。

2）除必要的震模消除大气泡外，移动途中避免过多的震动引起过多泡沫崩塌，导致面糊下陷、成品表面下凹。

3）通过裱花袋挤入面糊时，可以将袋子的出口剪得大一些，避免出口较小造成面糊相互挤压引起消泡。

4）如果使用多个模具进行同批次烘烤，注意各个模具之间的距离，避免烘烤膨发时互相产生不好的影响。

5）为了防止模具与蛋糕面糊在烘烤过程中产生粘连，可以在蛋糕面糊与模具之间增加一层油纸。具体方式可参考如下：

①烤盘。

a.取稍大于烤盘尺寸的油纸，用剪刀在每个顶点处沿着对角线剪一个口子。

b. 将油纸铺入烤盘中，整理好。

②圆形圈模。

a. 根据模具底部大小，裁切出比模具直径大 1~2cm 的圆形油纸，放在模具底部。

b. 根据模具的周长，裁切出长方形油纸，油纸宽度等于或者稍大于模具高度，油纸长度等于或者大于模具的周长，裁切完成后，将油纸围在模具内部。

③方形模具。

a. 裁切出合适大小的方形油纸（油纸边长 = 方形模具边长 + 模具高度），以模具内侧边长为参照线折出折痕。

b. 选取一个对边，沿着折痕，用剪刀剪出一个口子，口子长度为模具高度。

c. 沿着剪出的口子，将该处油纸对折。

d. 将油纸整体放入模具内，用手碾平。

3.2.3 油脂蛋糕的成型方法

1. 油脂蛋糕面糊的填充

多数油脂蛋糕的面糊质地比较浓稠，常使用裱花袋挤入的方式进行填充，在挤入时需要照顾模具的各个角落，避免内部形成较大的孔洞。填充量在 6~8 分满比较常见，具体与面糊内部的充气量和是否添加膨发剂有关。

2. 油脂蛋糕模具使用的方法

在实际制作过程中，可以通过在模具表面铺一层油纸或者喷一层脱模油来防止粘连，或者也可以使用涂抹油脂与撒面粉的联合作用制造防粘效果。

油脂蛋糕模具成型

具体制作如下:

在模具内壁涂抹一层黄油或者喷一层脱模油,在这个基础上追加一层面粉,这样防粘效果会更好一点儿,且能保护产品酥脆的表层不被破坏。

3．油脂蛋糕操作注意事项

1）油脂蛋糕面糊入模后,表面需要刮平,整体再稍稍震平,保证内部组织气孔均匀。

2）防粘措施是为了保证产品的外形完整,避免产品的形状受损。

3）油脂蛋糕面糊调制完成后建议装入裱花袋中,再挤入蛋糕模具中,这样便于控制面糊的均匀度。

3.3 蛋糕成熟

3.3.1 蛋糕烘焙知识

1．基础的流程工艺

（1）烘烤前的准备　在制品正式烘烤前,制作者检查相应的配套措施是否完善,使制作流程更加顺畅。

1）根据烘烤需求,对烤箱进行预热处理。

2）熟悉烤箱的相关性能,根据产品特点,合理安排烘烤时间和烘烤温度。

3）根据产品烘烤的相关性能,确定是否需要准备辅助工具。

4）根据产品基础性质,选择合适的方式对蛋糕采取相应的防粘措施。

5）根据产品制作流程,准备产品烘烤后所用的出炉、出模及存放的工器具。

（2）烘烤中的检查　在制品烘烤时,制作者应该密切关注,切忌远离。

1）观察产品在烘烤中的位置是否安全,避免产品及模具紧挨烤炉内壁。

2）密切关注产品在烘烤中的颜色、味道、膨胀等相关质量问题,遇不良现象产生时需及时调整烘烤时间和温度。

（3）烘烤完成后的存放

1）海绵蛋糕。海绵蛋糕制品的膨胀主要是因为内部空气的支撑，在将烤炉打开后，内外冷热空气交融，海绵蛋糕内部气体受此影响会紧缩，处理不当会引起产品外形和口感受损。

①烘烤完成后，使用专业工具将产品移出烤箱，注意安全。

②产品移出后，必要时需进行倒置存放，需要存放在通风的地方晾凉。

③在产品完全晾凉后，再进行脱模。

2）油脂蛋糕。油脂蛋糕内部组织细腻，气泡细腻，其烘烤完成、出炉后，大多可以直接出模。

①油脂蛋糕烘烤完成后，出炉需及时脱模，避免余温进一步对产品加热影响外观和口感。

②为了使油脂蛋糕脱模顺利，可以对产品进行防粘处理。

③油脂蛋糕完全冷却后，可以使用保鲜膜密封、冷藏保存。

2. 海绵蛋糕与油脂蛋糕的基础流程对比

海绵蛋糕与油脂蛋糕的制作基本类似，在制作前、制作中以及制作完成后的相关工序需要及时跟进。两者的主要区别如下：

1）相比海绵蛋糕面糊，油脂蛋糕面糊的稠度较高，所以一般会通过裱花袋挤入的方式进行注模。

2）油脂蛋糕中的油脂含量比较高，在相同条件下，烘烤油脂蛋糕要比海绵蛋糕所需的温度低、时间长。

3）油脂蛋糕组织比较紧实，在烘烤完成后，可以直接脱模。海绵蛋糕内部组织较松软，出炉后直接脱模会严重损坏外部形态，体积越大，越受影响。

3.3.2 判断蛋糕成熟的方法

1. 影响海绵蛋糕产品成熟的因素

海绵蛋糕制作中的不确定性因素比较多，例如工作环境、盛放模具的材质与大小、烤炉性质等。在实际烘烤过程中，应根据外在条件灵活调整烘烤条件。

1）海绵蛋糕的烘烤条件与制品的形状、大小、厚度有直接关系。一般情况下，产品的厚度越厚，所对应使用的烘烤温度越低，烘烤时间就越长；相反，产品所使用的烘烤温度越高，烘烤时间就越短。

烘烤的主要作用之一是水分蒸发，对于较薄、体积较小的蛋糕制作，为了避免水分过度蒸发致使蛋糕松软性降低，可以将烘烤时间控制得短一些，相对的烘烤温度就要高一些。

2）海绵蛋糕中的糖分含量直接影响蛋糕成品的着色程度，含糖量较高的蛋糕要比含糖量低的蛋糕烘烤温度低，主要是避免蛋糕表面着色过重，影响产品外观的状态。

3）在制作过程中，可以根据实际情况选择模具、烤盘等承装器具，承装的体积与材质影响烘烤的热度传输，所以需要灵活控制烘烤时间和温度。

2. 海绵蛋糕制作的注意事项

1）海绵蛋糕面糊制作完成后，需立即入模，立即烘烤，不宜久放。

2）根据海绵蛋糕的基本性质，考虑烤炉性质、面糊承装器皿性质、面糊承装体积，选择适当的烘烤温度和烘烤时间。

3）同时同炉烘烤海绵蛋糕时，要保证所烤蛋糕使用的承载器具相同，避免烘烤不均匀。

4）同时同炉烘烤海绵蛋糕时，要考虑各个蛋糕之间的间距，避免因膨胀互相造成损害。

5）确定海绵蛋糕成熟后，立即出炉，根据需要选择适当的存放状态，常见的是倒扣在悬空网架上，静置待凉。

6）海绵蛋糕完全冷却后，可以使用保鲜膜密封、冷藏保存。

3. 油脂蛋糕制作的注意事项

一般情况下，油脂蛋糕的烘烤温度为170~180℃，烘烤时间较长，要注意把握时间。烘烤时间过短，油脂蛋糕内部会发黏；烘烤时间过长，油脂蛋糕四周会变得硬脆，影响产品的整体质量。

4. 一般蛋糕成熟的鉴定方法

在预设的烘烤条件下，蛋糕完成烘烤，在出炉前，需要确认是否已经达到成熟标准。常用的鉴定方法有以下三种。

（1）竹扦插入法　将竹扦或者牙签插入蛋糕中央至底部，然后拔出，观察竹扦上有无黏附的面糊状物质，如果没有，可以判定为已经成熟；相反，则表示未成熟。

（2）目测　完全成熟的蛋糕在经过烘烤之后，表面色泽金黄，表面中心有膨发隆起，整体完整。

（3）手测　烘烤完成后，蛋糕内部组织松软，富有弹性。可以用手指轻轻从表面中心处往下按压蛋糕，若能感觉到有一定弹性和阻力，且松手后表面能立即恢复，则说明蛋糕成熟；反之，则代表不成熟。

另外，一般蛋糕在入炉烘烤后，经过烘烤加热可以达到最大的体积，继续烘烤体积会有一定的回缩，之后达到一个较为稳定的体积状态，这也是蛋糕成熟的标志之一。

海绵蛋糕——蛋糕卷

原料配方

面团配方

全蛋液	150g
蛋黄	20g
细砂糖	90g
低筋面粉	70g
淡奶油	20g
黄油（液态）	20g

酒糖液

细砂糖	30g
水	60g
白兰地	15g

装饰材料

打发淡奶油	适量
黄桃	2块（切片）

制作过程

- 酒糖液

  将细砂糖和水混合煮沸，离火冷却，加入白兰地混合均匀即可。

- 蛋糕制作

1）将液态黄油与淡奶油混合搅拌均匀，备用。

2）将全蛋液和蛋黄混合放入容器内。

3）在混合蛋液中加入细砂糖，搅拌均匀，可以将整体隔水加热至 37℃ 左右（使打发更容易）。

4）将容器离开热水，搅拌打发至浓稠状。

5）加入过筛的低筋面粉，用刮刀混合翻拌均匀。

6）取少量面糊与"步骤 1"混合翻拌均匀，再倒

回剩余的面糊中混合均匀。

7）将面糊倒入烤盘中，用刮板刮平表面。

8）放入烤箱中，以上火 200℃、下火 130℃ 烘烤 13min 左右。出炉，冷却。

9）将蛋糕倒扣在油纸上（即上色面朝下），在上面刷一层酒糖液。

10）涂抹一层打发淡奶油，摆放两行黄桃片。

11）将蛋糕卷起来，放入冰箱中冷藏15min左右定型。

12）取出，切块。

酒糖液　　　　　蛋糕制作

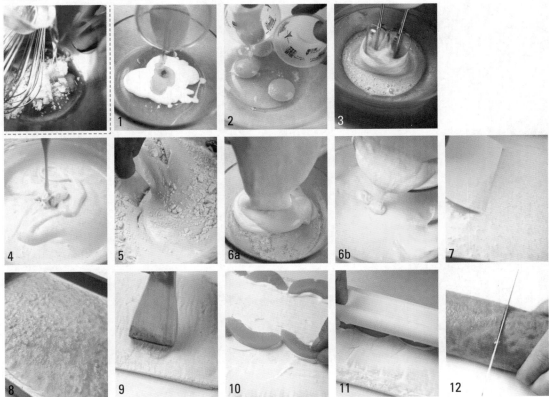

制作关键　　1）为了更好地保护打发蛋液中的泡沫，在混合黄油液体时，选择先用部分面糊混合黄油液体来调整整体的密度，减小大量混合时重力对大部分面糊的影响。

　　　　　　2）将酒糖液涂抹在蛋糕坯上能够给产品整体增加风味，可以根据需要选择其他风味的糖浆。

质量标准　　金黄色，香甜软滑，膨松细腻。

海绵蛋糕——草莓蛋糕

原料配方

面糊配方

全蛋液	300g	低筋面粉	145g
蛋黄	40g	泡打粉	1g
转化糖	10g	牛奶	35g
细砂糖	180g	黄油	35g
海藻糖	45g		

酒糖液

水	100g
细砂糖	50g
海藻糖	50g
白兰地	3g

装饰材料

打发淡奶油	500g
草莓	适量
防潮糖粉	适量
镜面果胶	适量

制作过程

- **酒糖液**

  将细砂糖、海藻糖和水混合煮沸，离火冷却，加入白兰地混合均匀即可。

- **蛋糕制作与组合**

1）在盆中加入黄油和牛奶，隔温水加热至融合，离火，使其温度下降至 50℃ 左右，并保持此温度备用。

2）在搅拌缸中依次加入全蛋液、蛋黄、转化糖、细砂糖、海藻糖，用手动打蛋器搅拌混合，并隔水加热至 35℃ 左右。

3）离火，将蛋液混合物倒入搅拌缸中，用网状搅拌器以高速→低速→高速的方式搅打至浓稠顺滑状。

4）将过筛的混合粉（低筋面粉与泡打粉）倒入其中，并用橡胶刮刀搅拌均匀。

5）缓慢加入备用的黄油牛奶混合物，继续翻拌均匀。

6）将搅拌均匀的面糊倒入 6in（1in=0.0254m）蛋糕坯模具中（每个约 265g，约装七分满）。

7）放入烤箱中，以上火 180℃、下火 160℃ 烘烤 18min（烘烤时间与温度仅供参考）。

8）取出，将蛋糕倒扣在网架上，放在室温下冷却。

9）用小型抹刀绕蛋糕坯一圈，彻底分离蛋糕坯和模具。

10）取出蛋糕，除去油纸。

11）将蛋糕横切成三片。

12）在每片表面涂抹上一层酒糖液。

13）在每两层蛋糕坯中间涂抹一层打发淡奶油，铺一层草莓片。

14）三层完成后，将蛋糕外围整体涂抹一层打发淡奶油。

15）可以在表面挤裱出花边。

16）在中心处摆放草莓，在草莓上涂上一点儿镜面果胶提高亮度。

酒糖液　　蛋糕制作与组合

制作关键　　1）将黄油和牛奶加入面糊时，需要缓慢加入，避免重力作用引起消泡。

2）在打发前加热蛋液可以更容易打发。

3）本配方中使用了海藻糖。海藻糖的甜度比蔗糖要低，是砂糖的优良替代材料。

质量标准　　蛋糕坯外形挺直，内部细腻，香甜绵软。

油脂蛋糕——磅蛋糕

原料配方

面糊配方

黄油	260g	蛋黄	14g
细砂糖	190g	低筋面粉	260g
海藻糖	40g	泡打粉	2g
转化糖	10g		
全蛋液	226g		

酒糖液

水	50g
细砂糖	50g
海藻糖	15g
君度橙酒	3g

制作过程

- **酒糖液**

  将细砂糖、海藻糖和水混合煮沸，离火冷却，加入君度橙酒混合均匀即可。

- **蛋糕制作**

1）将黄油、转化糖、一半的细砂糖和一半的海藻糖依次放入搅拌缸中，用扇形搅拌器高速打发至发白。

2）将全蛋液、蛋黄、剩余的细砂糖和海藻糖混合，用手动打蛋器搅匀，隔热水加热至30℃左右。

3）将"步骤2"分次加入"步骤1"中，以中高速继续搅打至完全融合。

4）加入过筛的低筋面粉、泡打粉，继续低速搅拌均匀，呈面糊状。

5）将面糊装入裱花袋中，再均匀挤入模具中（每个盛装量在300g左右，五六分满），完成后轻震一下，震平面糊表面，且能破除部分气泡，使内部组织更加紧密。

6）入烤箱，以上火190℃、下火150℃烘烤20min再将烤盘掉头，调温度至上火170℃、下火100℃继续烘烤20min（此为参考温度和时间）。

7）出炉，将蛋糕从模具中取出，撕掉四周油纸。将蛋糕放置在网架上，进行室温冷却。

8）用硅胶刷在蛋糕表面及四周均匀刷上酒糖液即可。

酒糖液　　　　　　　　　　蛋糕制作

制作关键　　面包在烤制完成后，需要晾凉，不要使面包直接接触桌面。

质量标准　　面包香软可口，香味浓郁。

油脂蛋糕——

柠檬蛋糕

原料配方

面糊配方

黄油	100g	低筋面粉	90g
细砂糖	80g	柠檬汁	15g
全蛋液	100g	柠檬皮屑	10g

制作过程

1）将黄油和细砂糖混合打发至乳化状。

2）将全蛋液分次加入"步骤1"中，持续搅拌均匀。

3）加入过筛的低筋面粉，用刮刀翻拌均匀。

4）加入柠檬汁和柠檬皮屑，充分搅拌均匀。

5）将面糊装入裱花袋中，挤入耐烘烤纸杯中，约八分满。

6）入烤箱，以上火180℃、下火160℃烘烤28min左右，出炉冷却即可。

制作关键 将面糊挤入纸杯时，注意不要弄脏纸杯的其他地方，避免在烘烤中引起糊化，影响产品外观和口感。

质量标准 顶部中心处有凸起，表面金黄色，内部湿软，组织细腻。

复习思考题

1. 清蛋糕膨发的主要原因是什么？

2. 清蛋糕的常见品类有哪些？

3. 油脂蛋糕膨发的主要原因有哪些？

4. 油脂蛋糕制作中乳化剂的作用是什么？

5. 鸡蛋中哪种成分被称为"天然的乳化剂"？

6. 油脂蛋糕的调制方法有哪些？

7. 一般为了蛋糕防粘会有哪些具体措施？

8. 蛋糕成熟的鉴定方法有哪些？

9. 鸡蛋的哪些性质对蛋糕制作产生作用？

10. 油脂的哪些性质对蛋糕制作产生作用？

项目 4

甜品制作

▼ ▼ ▼

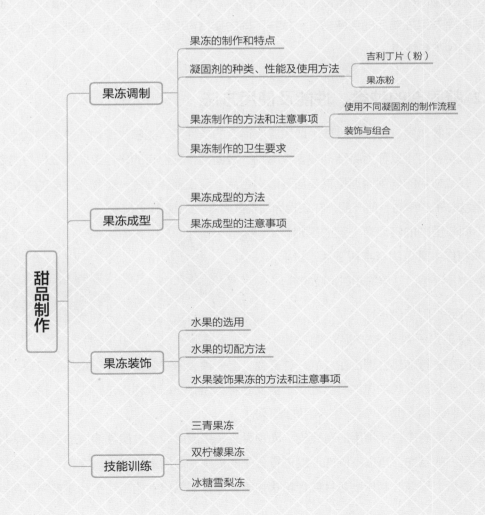

```
甜品制作
├─ 果冻调制
│    ├─ 果冻的制作和特点
│    ├─ 凝固剂的种类、性能及使用方法
│    │    ├─ 吉利丁片（粉）
│    │    └─ 果冻粉
│    ├─ 果冻制作的方法和注意事项
│    │    ├─ 使用不同凝固剂的制作流程
│    │    └─ 装饰与组合
│    └─ 果冻制作的卫生要求
├─ 果冻成型
│    ├─ 果冻成型的方法
│    └─ 果冻成型的注意事项
├─ 果冻装饰
│    ├─ 水果的选用
│    ├─ 水果的切配方法
│    └─ 水果装饰果冻的方法和注意事项
└─ 技能训练
     ├─ 三青果冻
     ├─ 双柠檬果冻
     └─ 冰糖雪梨冻
```

4.1 果冻调制

果冻属于西式冷冻甜点中的一种，它是使用凝结材料将水或者果汁、糖等材料凝结而成的一种甜点制品。果冻的特点是爽滑可口，入口即化，清爽感极佳，造型多变，是甜品创意制作的一个代表性制品。

4.1.1 果冻的制作和特点

果冻是一种凝结类冷冻甜点，属于半固体产品，凝结的主要原因是使用了凝结类材料。果冻制作时以液体材料为溶解混合的主要基底，再添加凝结材料产生凝胶作用，从而产生凝固的现象，制作出果冻制品。

果冻使用的材料多变且丰富，可以使用水果、果汁、酒、蔬菜汁等，必要时可以使用其他材料来调整果冻制品的色味特征，依托不同的模具可以赋予果冻多变的外形，使果冻呈现出不同的种类和特点。

4.1.2 凝固剂的种类、性能及使用方法

在果冻制作中，有些材料在用量和温度适合的条件下，能够改变物质原有的状态，形成凝胶。这类材料可以称为凝结剂或者胶凝剂、凝固剂，它们有的来自工业合成，有的是自然提取。凝结材料的作用原理是其在与溶液融合后，会使整体发生一些物化性质的变化，主要是阻碍水分子的移动，使产品外在表现为增稠或者凝固的现象。

不同凝固剂的特点有一定的区别，在果冻制作中常见的有吉利丁片（粉）（又称结力片、粉）、果冻粉、果胶粉等。

吉利丁片　　　　　　　　　吉利丁粉

1．吉利丁片（粉）

吉利丁是一种明胶产品。明胶是胶原蛋白在进行加热处理后生成的一种产物，是一种大分子胶体，属于蛋白质范畴。食品领域使用的明胶产品较常见的是吉利丁，英文名称为Gelatin，常称作吉利丁片（粉）、结力片（粉）、明胶片（粉），是一种常用的凝固剂。

吉利丁的制作材料常用的有猪皮、动物骨头、牛皮等，通过酸性溶液的浸泡破坏原材料中胶原蛋白的结构，再以不同的温度进行分子的提炼，之后进行过滤、净化、调整酸碱度、蒸发、消毒、干燥等制作出薄片或者粉状物质，即我们常见到的吉利丁片或吉利丁粉。

一般情况下，吉利丁产品内明胶的含量在 85%~90%，其余是水分、盐、葡萄糖等。不同浓度的明胶所产生的凝胶效果有些微差别，针对明胶类产品的品质测定有专业的名词——布伦，这是以发明专业明胶品质测定装置的奥斯卡·布伦的名字命名的，布伦数越高，明胶产品的凝结能力越高。

（1）吉利丁的使用方法

1）吉利丁片

将吉利丁片放入冷水中浸泡至完全软化（水量至少是吉利丁片重量的 5 倍以上）　将吉利丁捞出，沥干水分　将泡软的吉利丁隔水熔化，再加入其他液体材料混合搅拌均匀

制作关键

　　如果液体材料有一定的热度，其热度可以直接熔化软化的吉利丁，那么可以将软化的吉利丁直接放入液体材料中，搅拌融合。需要特别注意的是吉利丁一定要彻底熔化。

吉利丁片

2）吉利丁粉

将吉利丁粉放入冷水中浸泡至膨松状（粉：水 =1 : 5）　将完全膨松的吉利丁混合物隔水熔化，即可添加到其他液体材料中作为凝结材料使用

（2）吉利丁的食用特点

1）使用吉利丁产品制作的凝胶具有良好的弹性。

2）用吉利丁片制作的凝胶产品形成的气泡要比用吉利丁粉制作的凝胶产品形成的气泡少，

清澈度更高，这主要是由于粉类接触空气的面积更大一些，混合时裹入的气体更多。

3）使用吉利丁制作的凝胶产品的熔化和凝结温度大致相同，基本在 37℃ 左右，和人体温度相当，所以只使用吉利丁形成的凝胶产品入口即化。

2. 果冻粉

果冻粉是针对果冻制品生产的一种调配型凝固材料，所含物质已经包含了果冻凝结的必备材料，如魔芋粉、卡拉胶等，还配有一定的调味产品，如食用葡萄糖，甚至某些风味果冻粉还含有各类水果粉、抹茶等。

4.1.3　果冻制作的方法和注意事项

果冻的制作流程工艺简便，将材料混合制作成果冻液，放入模具内，放在低温环境下进行凝固，成型后可根据需要使用水果等进行装饰。在制作过程中，根据使用的凝固剂不同，某些流程节点的方法有一点儿区别；在后期装饰组合过程中也可以通过叠加等方式丰富产品的多样性。

1. 使用不同凝固剂的制作流程

（1）**使用吉利丁**　无论使用吉利丁粉还是吉利丁片，在正式混合其他材料前，都需要进行预处理，再与其他液体材料混合，之后在低温下凝固形成制品。

使用吉利丁制作果冻时，需要考虑以下几个方面：

1）吉利丁的使用量。不同质量的吉利丁作用效率有一点儿区别，与凝结作用的液体也有一定的关系。吉利丁使用量越大，凝结速度越快，凝结质量越高，但是过高的使用量会严重影响入口体验感，甚至破坏产品风味。一般情况下，吉利丁使用量占全部液体的 2%~6%。

2）吉利丁的凝结温度。使用吉利丁制作果冻液时，需要将液体温度降至室温后，再将果冻液转移至冰箱凝结，同时注意凝结时间，避免储存不当导致产生冰碴。

3）其他混合材料。吉利丁属于一种蛋白质物质，它需要遵循特定环境下的物化性质的改变。

例如蔗糖分子具有吸湿能力，在水溶液内，会占据部分水分子，在一定程度上"减弱"吉利丁的工作量，所以在制作含糖量比较大的果冻时，吉利丁的量可以相对减少；溶液内部的 pH 较低（酸性较大）也会影响吉利丁的作用发挥（酸性会增强明胶分子之间的排斥），可能导致产品弹性变弱，制品脆弱，所以用酸性果汁等制作的果冻可以增加吉利丁的用量，或者用其他凝结类材料代替。

4）吉利丁的融合度。吉利丁制品只有与液体材料完全混合，才能发挥其作用。

（2）**使用果冻粉**　果冻粉所含成分是经过调配，且经过消毒、干燥等工序制成的可以直接使用的材料。

果冻粉可以直接根据配备的使用说明进行制作，方便简洁，基本上都是直接冲调，再冷藏凝结即可。

制作关键

果冻粉与水直接接触时，有可能会产生"抱团"现象，产生疙瘩。所以，可以使用少量的砂糖混合果冻粉，再放入液体材料中进行混合搅拌。

2. 装饰与组合

（1）**单层果冻制品**　果冻液制作完成后，充入模具中，放入低温环境下储存定型，后期经过脱模形成果冻主体，之后在果冻制品上用水果等加工装饰。

（2）**多层果冻制品**　果冻液制作完成后，充入模具中，放入低温环境下储存定型，再通过叠加其他品类的果冻液进行重复定型……叠加全部完成后，整体定型、脱模，形成多层果冻制品，可根据需要再用其他水果等装饰。

4.1.4　果冻制作的卫生要求

果冻制品的材料一般有果汁、凝固剂、水、糖等，在制作中需要对材料来源进行严格把控。

1）液体材料需要注意来源，避免使用腐烂或者被污染的材料。

2）果冻制品的凝固环境需要无异味，干净整洁，必要时可以覆盖一层保鲜膜。

3）在基础工艺流程中，可以根据需要添加水果丁等材料，需确认水果无腐烂现象。

4.2　果冻成型

4.2.1　果冻成型的方法

将调配好的果冻液体倒入模具中，再放入低温环境下凝固成型，制成果冻。

果冻液体需要通过模具来塑形，一般使用偏小的模具，成型后能够保证制品的完整性。如果使用的模具过大或者过于复杂，在出模时，果冻制品可能发生断裂，影响产品的整体造型。

4.2.2　果冻成型的注意事项

1）将果冻液倒入模具前尽量进行过滤，可过滤掉杂质和泡沫，入模时避免带入气泡。

2）如果加入水果丁，在混合前，需要将水果沥干水分，必要时可以使用厨房用纸将水果丁表面的水分吸附除去。

3）要注意使用工具与模具的卫生问题，保证食品卫生安全。

4）果冻的低温定型温度一般在 0~4℃。虽然温度越低，定型速度越快，但果冻中的水分含量较大，在 0℃ 以下储存可能会导致内部结冰，失去应有的光泽和质感。另外，果冻储存时，要确保冰箱恒温，防止食品腐烂。

5）果冻的凝结速度与凝固剂的使用量有直接关系，但并不是凝固剂的使用量越多越好，当使用量高于正常范围时，会导致成品的质地变硬，品质下降。反之，如果使用量比较少，那么成品有可能无法成型，导致制作失败。

4.3 果冻装饰

4.3.1 水果的选用

可以将水果切成各种形状后加入果冻液体中，待成型后会形成一定的装饰效果。同时，还可以将水果切成各种样式装饰在果冻周围形成特定的装饰效果。

1. 苹果

苹果呈圆形，果皮的颜色多为红、黄、绿色，酸甜可口，营养丰富，其一般的挑选方法如下：

（1）**看外观** 挑选大小适中、形状匀称、圆润饱满的苹果。同样品种的苹果，果皮略微粗糙的，果肉较甜；相反，果皮光滑的，口感反而会酸一点儿。

（2）**看颜色** 新鲜的苹果色泽鲜艳有光泽；如果色泽暗沉，可能存放时间过长。

（3）**闻气味** 成熟的苹果能闻到香甜的气味；如果果味很淡，通常代表不成熟；如果闻到发酵味或者其他不好的味道，说明放置时间过久。

2. 梨

梨的形状大多呈圆形，底部粗大，顶部较细。梨含有充足的水分，汁多味美，有"百果之宗"和"天然矿泉水"的美誉，其一般的挑选方法如下：

（1）**看表皮** 表皮光滑细腻有光泽，通常果肉多汁脆嫩。如果表皮颜色暗沉，出现褶皱，说明水分已经流失，不太新鲜。不要挑选表皮带有病斑或虫眼的梨。

（2）**看形状** 大小适中、圆润饱满的梨较为合适。

（3）**看梨脐** 梨脐凹陷较深的，口感较甜。

3. 樱桃

樱桃果实近似球形，颜色呈鲜红、深红或者暗红色。樱桃的含糖量很高，口感甘甜多汁。樱桃是一种既营养美味又好看的水果，其一般的挑选方法如下：

（1）**看大小** 同样品种的樱桃，个头越大，糖分相对越高，口感也越甜。

（2）**看颜色** 颜色呈鲜红色的口感较酸，深红色或暗红色的口感较甜。

（3）**看表皮** 表皮光滑饱满光亮的比较新鲜；如果表皮出现褶皱、暗沉，则说明已经不太新鲜了。

（4）**看果梗** 新鲜的樱桃果梗呈鲜绿色，存放过久的樱桃果梗发黑干枯。

4. 橙子

橙子是比较常见的水果，果实呈圆形或者椭圆形，圆润有光泽。橙子含有丰富的维生素，果肉多汁，香甜可口，风味独特，深受人们的喜爱，其一般的挑选方法如下：

（1）**看形状** 同样的品种，果形较长、重量较大的橙子水分较多，口感也更甜。

（2）**看果皮** 如果果皮较薄、颜色鲜艳有光泽，用手按压有弹性的橙子，则口感较好。相反，如果果皮出现褶皱，颜色暗沉，用手按压有凹陷，则橙子的水分已经流失，新鲜度较低。

（3）**看肚脐** 肚脐较小的橙子，相对较甜，水分也更多。

（4）**闻气味** 成熟的橙子能闻到好闻的橙香味。

5. 柠檬

柠檬果实呈椭圆形，具有诱人的香气。柠檬的果肉汁多肉脆，味道较酸，常用来作为调味料，调制饮品或者制作菜肴等。柠檬还常用于摆盘装饰，切成各种形状，广泛用于菜品、饮品或者甜品中，其一般的挑选方法如下：

（1）**看表皮** 表皮圆润光滑的柠檬，果肉饱满且多汁。相反，表皮粗糙、凹凸不平的柠檬，果肉较少，水分也较少。

（2）**按压** 新鲜的柠檬用手按压，富有弹性。如果按压出现凹陷或者褶皱，说明存放时间过长，新鲜度较低。

（3）**闻气味** 质量好的柠檬带有淡淡的芳香气味。

6. 草莓

草莓属于浆果，呈心形，果皮很薄，色泽鲜红。草莓的果肉柔软多汁，酸甜可口，深受人们的喜爱。草莓不但色、香、味俱佳，而且营养价值高，被誉为"水果皇后"。草莓除了鲜食，还常用于装饰或制作各种馅料与酱料，具有独特的风味，其一般的挑选方法如下：

（1）**看形状** 形状大小均匀、果肉饱满、近似心形的草莓，口感较好。

（2）**看颜色** 新鲜的草莓颜色鲜艳有光泽；相反，表皮呈暗红色且无光泽的，说明果实新鲜度较低。如果草莓颜色较淡且带有青绿色，说明尚未完全成熟。

（3）**闻气味**　成熟的草莓带有浓郁的果香味。未成熟的草莓没有香气，或者带有淡淡的青涩气味。

7. 葡萄

葡萄的颜色大多为紫色、黑色、黄绿色或红色，皮薄肉厚。葡萄含糖量高达 10%~30%，味道甘甜鲜美，深受大众的喜爱，其一般的挑选方法如下：

（1）**看外观**　颗粒饱满，大小匀称且排列紧密，表面光滑有光泽的葡萄，口感较好。如果果皮出现褶皱或者凹陷，说明水分已经流失，口感不佳。

（2）**看葡萄梗**　新鲜的葡萄，梗也比较新鲜，如果葡萄梗枯黄，说明存放时间过长，新鲜度比较低。

8. 菠萝

菠萝果实呈圆柱形或者椭圆形。菠萝的香气浓郁、肉厚多汁、味道酸甜，是最受欢迎的热带水果之一，其一般的挑选方法如下：

（1）**看外形**　果形矮胖的菠萝要比瘦长的肉质更多，更甜。菠萝叶子越长，说明菠萝生长的光照越足，营养也更充足，口感会更加香甜。

（2）**看颜色**　同样的品种，菠萝颜色越黄，成熟度就越高，口感也越甜。

（3）**软硬度**　用手轻轻按压菠萝，手感坚硬说明还未成熟；如果手感微软，说明已经成熟；如果按压过软或者按压形成凹陷，说明已经过熟或者内部开始腐烂。

（4）**闻气味**　成熟的菠萝带有较清淡的香味；如果香味过于浓郁甚至产生发酵的味道，说明已经过熟。

9. 芒果

芒果有"热带水果之王"的称号，果皮光滑、富有弹性，颜色大多呈金黄色或青绿色。芒果性平味甘，解渴生津，是少数富含蛋白质的水果之一。除此之外，芒果的含糖量也很高，味道香甜，柔软多汁，可以制作成各种美食，其一般的挑选方法如下：

（1）**看表皮**　成熟的芒果表皮色泽鲜艳。不要挑选表皮有黑色斑点的芒果，如果斑点过多，说明芒果已经不新鲜了。

（2）**软硬度**　成熟的芒果软硬度适中，用手轻轻按压果肉，会感到很有弹性。如果按压时手感过硬，说明还没成熟。

（3）**闻气味**　带有芒果的特殊香味，芒果的果香味越浓郁，口感越香甜。

10. 香蕉

香蕉属于热带和亚热带水果，味甘、性寒，具有清热、润肠的作用。香蕉的香味浓郁，口感香甜软糯，其一般的挑选方法如下：

（1）**看形状**　自然成熟的香蕉，果实外形圆润饱满，棱角不分明。棱角分明的香蕉，果肉较少，香甜度要低一些。

（2）**看颜色** 成熟的香蕉果皮呈金黄色且有光泽，口感香甜；未成熟的香蕉呈青绿色或者淡黄色，口感带有涩味，建议放熟后再使用或食用。

（3）**软硬度** 成熟的香蕉软硬度适中，用手按压，如果手感较硬，说明还未成熟。

4.3.2 水果的切配方法

1. 哈密瓜块

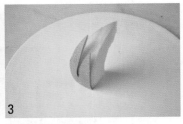

用水果雕刀从哈密瓜内侧切出"V"字形块状，用刀尖在哈密瓜表皮上画出花纹　　用水果雕刀将皮削至高度的 2/3 处　　将多余果皮取掉

2. 花型哈密瓜块

用水果雕刀从哈密瓜内侧切出"V"字形块状，用刀尖在哈密瓜表皮上画出花纹　　用水果雕刀将皮削至高度的 2/3 处　　用水果雕刀将底部切去，使整体能够竖立　　用手指将果皮与果肉分离，并放上一颗红樱桃

3. 黑布林"龟子"

用水果雕刀在黑布林 1/3 处垂直切断　　用水果雕刀的刀尖从果肉中横向划口　　以同样的手法纵向划口

4　双手拇指压住边缘果肉，其余手指抵住果皮中间向上反扣

5　展开的形状类似龟壳，故又称"龟子"

4. 火龙果球

1　将火龙果对半切开，用挖球器转出圆球形果肉

2　将圆球摆放在盛器中

5. 柠檬卷

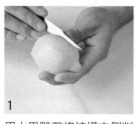

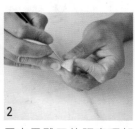

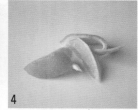

1　用水果雕刀将柠檬内侧削切出"V"字形块状

2　用水果雕刀从距离顶部0.5cm处向下斜划口

3　用水果雕刀将柠檬皮削至2/3处

将皮向内卷起即可

6. 扇形苹果片

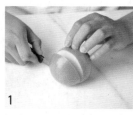

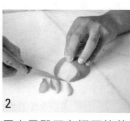

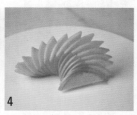

1　用水果雕刀在苹果的1/3处切开

2　用水果雕刀在切开的苹果的1/2处将果皮削掉

3　用水果雕刀将苹果切成薄片

4　将切好的苹果薄片展开，呈扇形

7. 不规则扇形苹果片

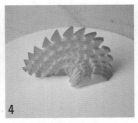

1 用水果雕刀在苹果的 1/3 处切开

2 用水果雕刀从苹果表面往内部切出"V"字形，以一定的间距再在表面竖切出一些"V"字形

3 用水果雕刀将苹果横向切成薄片

4 将切好的苹果薄片展开，呈扇状

8. 五角星黄桃

1 将五角形模具放于黄桃表面，用力向下压

2 压推出五角星状

9. 镂空五角星杨桃

1 用水果雕刀将杨桃横切成 3 片

2 用水果雕刀切除杨桃内部中心，外形形成镂空五角星形

3 将产品展开

10. 四瓣提子花

1 用水果雕刀将提子横向切一刀，但不切断

2 用水果雕刀将提子纵向切一刀，但不切断，使整体呈"十"字形

3 将果肉向四面稍稍拨开

11. 多瓣提子花

1	**2**
用水果雕刀从提子中心切出一圈 "V"字形	沿切口将提子两边切断、分开

4.3.3 水果装饰果冻的方法和注意事项

1. 水果装饰果冻的方法

1）不轻易改变水果的原始质地，使水果能给产品增加健康新鲜的信息传达。

2）选用的水果与果冻之间要以和谐为主要目的，不以追求多为主要目的。

3）水果的色彩多变，其可呈现的形态也有众多表现形式，要灵活运用技巧使产品呈现最佳的美感，使水果的趣味性更好地表现出来。

4）水果装饰需要与果冻产品相适宜，还要考虑整体与盛器的适配度。

2. 水果装饰的注意事项

1）在挑选水果时，要保证水果新鲜。

2）不宜选用气味比较浓郁的水果，否则会影响整体口感的呈现。

3）水果装饰应避免放置太多，果冻与水果等材料之间的组合需要有一定的层次感、空间感。

4）每种水果的特性不一样，在进行切配时注意各自的特点，保证水果呈现的状态不影响本身的表达。

5）水果色彩搭配要自然合理，切忌胡乱堆砌。

6）在进行多层果冻制作时，需要注意在第一层凝结完全后再进行上一层的叠加，避免出现混层的现象。

三青果冻

原料配方

甜瓜	1/4 个
青苹果	1/4 个
青柠檬	1/4 个
白酒	35g
水	150g
白砂糖	65g
柠檬汁	5g
吉利丁片	5g

制作过程

1）把甜瓜切成小块；青苹果连皮切成3mm厚的梳子形；青柠檬切成2~3mm厚的薄片。

2）把白酒、水、白砂糖和柠檬汁倒进锅内，加热至沸腾，关火。

3）加入软化的吉利丁片，充分搅拌，使其溶解。

4）隔冰水降温至稍稍变得浓稠，加入"步骤1"中的水果。

5）将果冻液倒进盛器内，放入冰箱中冷却，待完全凝固即可。

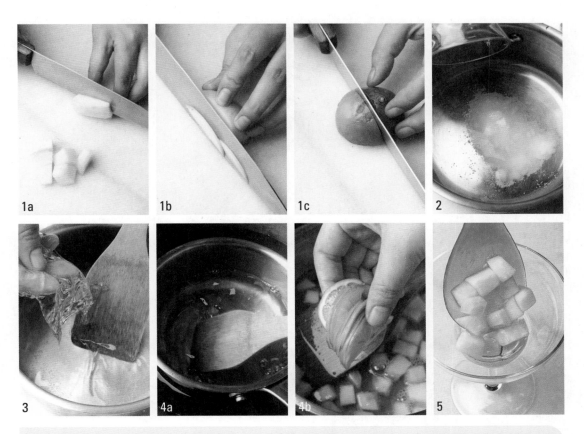

制作关键　1）在果冻液出现浓稠后再加入水果块，可以避免水果沉底，使果冻液中的水果丁分布得更加均匀。

2）将果冻放入盛器中时，要注意不要带入气泡。

质量标准　质地均匀、晶莹透明，水果色彩鲜亮，爽滑香甜。

双柠檬果冻

原料配方

水	250g
白砂糖	50g
果冻粉	3g
黄柠檬皮	半个
青柠檬皮	半个
柠檬汁	5g
青柠檬汁	5g
柠檬酒	10g
哈密瓜球	适量

制作过程

1）将果冻粉与白砂糖拌匀，放入黄柠檬皮、青柠檬皮，加入水，开火煮沸。

2）过滤，在液体中加入柠檬汁、青柠檬汁、柠檬酒，拌匀，冷却一下，倒入盛器中，放入冰箱冷藏定型。

3）取出果冻，用刀切成块状，装入杯中，用哈密瓜球装饰，与果冻块交错摆放。

1a　1b　2a　2b

2c　3a　3b　3c

制作关键　1）果冻液通过过滤可以去除多数气泡。

2）果冻的形状可以通过更换模具来确定。

....

质量标准　色彩均衡，鲜亮透明，爽滑清香。

冰糖雪梨冻

原料配方

冰糖雪梨汁	200g
水	50g
白砂糖	5g
果冻粉	3g
椰果	适量

制作过程

1）将冰糖雪梨汁、水倒入锅中加热。

2）将白砂糖、果冻粉拌匀倒入"步骤1"所得溶液中，搅拌均匀，继续加热至沸腾。

3）将"步骤2"所得溶液过筛倒入容器中，放进冰箱冷藏定型后，取出，用勺子将果冻打碎，将椰果装饰在果冻上即可。

1

2a

2b

3a

3b

制作关键 1）冰糖雪梨汁中含有足够的糖，配方中的糖只是用来减小果冻粉的占比，避免果冻粉遇水结块。

2）果冻成型后再进行捣碎，之后组合装饰，可以根据食用情况选择破碎程度。

质量标准 透明清亮，爽滑甜香。

复习思考题

1. 制作果冻常使用哪些材料？

2. 使果冻产生凝固现象的是什么材料？

3. 常用的凝固剂有哪些？

4. 凝固剂的作用原理是什么？

5. 凝固剂的使用量受哪些因素的影响？

6. 凝固剂使用过多会导致什么现象？

7. 果冻一般在什么环境下定型？

8. 果冻的凝结速度与哪些因素有关？

9. 在挑选水果时，一般有哪些方法？

10. 制作双层果冻时需要注意哪些事项？

模 拟 题

一、单项选择题

1. 下列选项中（　　）不属于烹饪从业人员的职业道德范畴。

　　A. 忠于职守，尽职尽责，积极奋斗，努力创业

　　B. 公平交易，货真价实，不顾质量，利益至上

　　C. 积极进取，开拓创新，重视知识，敢于竞争

　　D. 遵纪守法，廉洁奉公，不徇私利，不谋私利

2. 油脂酸败的原因有（　　）。

　　A. 抗氧化过程　　　　　　　　　　　　B. 酶解过程和水解过程

　　C. 渗透压作用　　　　　　　　　　　　D. 反水化作用

3. 水禽蛋必须加热（　　）才可食用。

　　A. 3min　　　　　　B. 5min　　　　　　C. 7min　　　　　　D. 10min 以上

4. 生奶的抑菌作用在（　　）时可保持 48h，30℃时仅可保持 3h。

　　A. 0℃　　　　　　　B. 3℃　　　　　　C. 6℃　　　　　　D. 10℃

5. 食品添加剂是指食品生产、加工、保存等过程中添加和使用的少量（　　）合成物质或天然物质。

　　A. 物理　　　　　　B. 化学　　　　　　C. 生物　　　　　　D. 天然

6. 食盐的营养强化剂一般是（　　）。

　　A. 镁　　　　　　　B. 碘　　　　　　　C. 钙　　　　　　　D. 磷

7. 厨房的烤炉和烤盘要随时清扫，必要时可用（　　）擦盘，以防生锈。

　　A. 水　　　　　　　B. 油脂　　　　　　C. 手巾　　　　　　D. 纸

8. 下列不属于环境卫生"四定"制度的是（　　）。

　　A. 定人、定物　　　B. 定时间　　　　　C. 定质量　　　　　D. 定数量

9. 对人体有生理意义的多糖主要有：淀粉、糖原和（　　）。

　　A. 葡萄糖　　　　　B. 半乳糖　　　　　C. 纤维素　　　　　D. 蔗糖

10. 糖类的主要食物来源是谷类和根茎类食品，（　　）是食物纤维的主要来源。

　　A. 蔬果类　　　　　B. 家禽类　　　　　C. 家畜类　　　　　D. 海产类

11. 下列选项中属于必需氨基酸的是（　　）。

　　A. 酪氨酸　　　　　B. 色氨酸　　　　　C. 胱氨酸　　　　　D. 谷氨酸

12. （　　）是维持机体正常代谢所必需的一类低分子有机化合物。

  A．碳水化合物   B．无机盐   C．矿物质   D．维生素

13. 下列选项对维生素的生理功能叙述正确的是（　　）。

  A．促进体内钙和磷的代谢   B．延缓衰老和记忆力减退

  C．促进生育   D．促进凝血

14. 下列说法中错误的是（　　）。

  A．使用洗碗机时要特别注意防止漏电

  B．为了将碗洗得更干净，将洗涤剂的投放量加大

  C．不使用燃气灶后应及时关闭总开关

  D．微波炉发生故障时，必须请专业人员修理

15. （　　）是违反设备安全操作规程的错误做法。

  A．冰激凌机要有电气保护和可靠接地等安全措施

  B．发现制冰机运转不正常时，应马上断电，然后及时报修

  C．对制冰机内部进行清洁后开始制冰

  D．定人定时地巡视冷藏柜的运转状态，并记录下来

16. 下列说法错误的是（　　）。

  A．发现通风设备运转不正常时，应先断电

  B．通风系统应具备自动保护功能

  C．转动的设备要有完善的防护措施

  D．所有的通风设备应有警示标志

17. "Baking powder" 是指（　　）。

  A．烘烤面粉   B．发粉   C．烘烤盘   D．麦芽

18. "Strawberry" 是指（　　）。

  A．蓝莓   B．胡桃   C．草莓   D．梨

19. 黑森林蛋糕用英文表示为（　　）。

  A．Marble cake   B．Cheese cake

  C．Black cake   D．Blackforest cake

20. 面点间员工必须严格执行食品卫生法中的有关规定，把好（　　）关。

  A．质量   B．卫生   C．营养   D．数量

21. （　　）英语写为 West pastry，主要是指来源于欧美国家的点心。

  A．西式面点   B．西式糕点   C．西式面糊   D．西式饼干

22. 按（　　）分类，可将西点分为蛋糕类、混酥类、清酥类、面包类、泡芙类、饼干类、冷冻甜食类、巧克力类等。

A．点心用途   B．点心加工工艺及坯料性质

C．厨房分工   D．点心温度

23．跑油是指面坯中的（　　）从水面皮层溢出。

     A．淀粉   B．蛋白质   C．奶油   D．油脂

24．质优的小麦一般含水量低于（　　）。

     A．12%   B．15%   C．18%   D．20%

25．（　　）作用能提高面粉面团的可塑性。

     A．面粉的熟化   B．淀粉的糊化

     C．面粉的糖化   D．淀粉的老化

26．一般情况下，在使用同种酵母和相同的发酵条件下，下列说法正确的是（　　）。

     A．面团产气越多，面粉糖化力越强，制出的面包体积越大

     B．面团产气越少，面粉糖化力越强，制出的面包体积越小

     C．面粉糖化力越强，面团产气越多，制出的面包体积越大

     D．面粉糖化力越弱，面团产气越多，制出的面包体积越小

27．一般来说，在保管面粉的过程中应注意保管的温度调节、（　　）及避免环境污染等几个问题。

     A．通风调节   B．气体调节

     C．水分控制   D．湿度控制

28．油脂能保持产品组织柔软，延缓（　　），延长点心的保存期。

     A．淀粉糊化时间   B．淀粉老化时间

     C．点心氧化时间   D．点心干化时间

29．糖的吸湿性与糖中所含（　　）、灰分的多少有密切关系。

     A．还原糖   B．水分   C．矿物质   D．杂质

30．下列不是鸡蛋在西点制作中的作用的是（　　）。

     A．提高制品营养价值   B．提高制品的热能

     C．增加制品的蛋香味   D．改进制品内部组织状态

31．根据奶油（　　）的不同，将奶油分为轻奶油和重奶油两种。

     A．密度   B．比重   C．含脂量   D．来源

32．奶油加工方法有多种，常见的有：打发奶油、（　　）、直接使用奶油和加热奶油等。

     A．泡打奶油   B．熬制奶油   C．煎制奶油   D．切割奶油

33．黄油的加工方法很多，一般来说（　　）保存的黄油较适合刮球。

     A．冷冻冰箱   B．冷藏冰箱   C．常温冰箱   D．醒发箱

34．调制全蛋黄油酱时，如果所用的鸡蛋不是很新鲜，应先把鸡蛋和糖加热至全部溶解，

然后再打发。其加热的作用，一是能够使糖完全溶解，二是能够（　　）。

    A. 去除鸡蛋中的部分腥味　　　　　　　　B. 去除蛋液中的部分水分

    C. 去除蛋液中的不良物质　　　　　　　　D. 使蛋液浓度增加

35. 在调制糖水黄油酱时，下列操作错误的是（　　）。

    A. 提前将黄油从冰箱中取出解冻，化软后搅打

    B. 将黄油化软后放入搅拌缸内搅拌至乳白色

    C. 等黄油搅白后，将糖水全部倒入搅拌缸内，继续搅打

    D. 在搅拌过程中随时注意防止黄油酱变黄，搅澥

36. 清酥类是用水调面坯、油面坯互为表里，在反复（　　）、冷冻形成新面坯的基础上，经加工而成的一类层次清晰、松酥的点心。

    A. 揉捏成型　　　　B. 搓制　　　　　　C. 擀叠　　　　　　D. 解冻

37. 派是一种（　　）面饼，内含水果和馅料。

    A. 烫面　　　　　　B. 油酥　　　　　　C. 混酥　　　　　　D. 清酥

38. 塔是（　　）的译音。

    A. Tirat　　　　　　B. Tart　　　　　　C. Trite　　　　　　D. Tirtee

39. （　　）是先将油脂和糖一起搅拌，然后再加入鸡蛋、面粉等原料的调制工艺方法。

    A. 油蛋糖调制法　　　　　　　　　　　　B. 油面调制法

    C. 油糖调制法　　　　　　　　　　　　　D. 油蛋调制法

40. （　　）是以鸡蛋、糖、油脂、面粉等为主要原料，配以辅料，经一系列加工而制成的松软点心。

    A. 混酥类　　　　　　B. 泡芙类　　　　　C. 蛋糕类　　　　　D. 面包类

41. 天使蛋糕面糊中，蛋清、糖、面粉分别占面糊重量的（　　）。

    A. 45%、45%、10%

    B. 50%、40%、5%

    C. 42%、42%、15%

    D. 44%、44%、12%

42. 打发是指蛋液或黄油经搅打（　　）的方法。

    A. 密度增大　　　　B. 重量增大　　　　C. 体积增大　　　　D. 重量减少

43. 利用机械的快速搅拌，使制品体积膨大的方法为（　　）法。

    A. 物理起泡　　　　B. 物理膨松　　　　C. 机械膨松　　　　D. 机械起泡

44. 清蛋糕面糊搅拌时要合理控制搅拌温度，温度过低，蛋液（　　）。

    A. 稀薄、弹性差

    B. 稀薄、黏性差

C. 黏性较大，搅拌时不易带入空气

D. 黏性基本没有变化，但弹性增大，搅拌困难

45. 下列属于冷冻甜食点心的是（　　）。

    A. 慕斯   B. 奶油泡芙   C. 吐司   D. 蛋塔

46. （　　）是用糖、水和鱼胶粉或琼脂，按一定比例调制而成的冷冻甜食。

    A. 慕斯   B. 冷苏夫力   C. 巴菲   D. 果冻

47. （　　）是 Parfait 的译音，是一种以鸡蛋和奶油为主要原料的冷冻甜食。

    A. 巴勒   B. 巴菲   C. 八非   D. 派

48. 布丁是以（　　）等为主要原料，配以辅料，通过蒸或烤制成的一类柔软的甜点心。

    A. 黄油、面粉、鸡蛋、牛奶   B. 面粉、白糖、鸡蛋、巧克力

    C. 黄油、白糖、鸡蛋、牛奶   D. 白糖、鸡蛋、水、明胶

49. （　　）是完全靠吉利丁的凝胶作用凝固而成的冷冻甜点。

    A. 巴菲   B. 果冻   C. 冷苏夫力   D. 布丁

50. 一般情况，果冻液中的吉利丁液占全部液体浓度的（　　）时，才能使液体基本凝固。

    A. 2%   B. 3%   C. 5%   D. 7%

51. 如果使用果冻粉调制果冻液，要求（　　），再进行调制。

    A. 用热水搅成均匀糊状液   B. 用少量热水澥开

    C. 用少量凉水澥开   D. 用温水搅成均匀的糊状

52. 果冻液调制好后，将其温度降至室温，然后放到（　　）。

    A. 密封容器中保藏   B. 包装袋中密封

    C. 冷藏冰箱中冷却   D. 冷冻冰箱中冷冻

53. 面团搅拌的物理效应主要体现在两个方面，一方面是通过搅拌作用促使面粉水化完全，形成面筋，使面筋得到扩展，成为既有弹性又有延伸性的面团，另一方面是（　　）。

    A. 通过搅拌面团体积变大

    B. 通过搅拌面团色泽发生变化

    C. 由于搅拌产生摩擦热，使面团的温度升高

    D. 由于搅拌使面团光滑，有弹性

54. 面团在搅拌时，空气的不断进入，使面团所含蛋白质内的（　　）被氧化成分子间的双硫键，从而使面筋形成了三维空间结构。

    A. 麦白蛋白   B. 麦球蛋白

    C. 单硫键   D. 硫氢键

55. 下列不是面团的面筋质所起的作用的是（　　）。

    A. 承受面团发酵过程中二氧化硫气体的膨胀

B. 提高面团的保气能力

C. 提高面团的可塑性

D. 阻止二氧化硫气体的逸出

56. 糖能促进酵母繁殖，但糖的含量超过 6% 时，（　　）则会使酵母发酵受到抑制，发酵的速度变得缓慢。

A. 糖的渗透性　　　　　　　　　　　B. 糖的吸水性

C. 糖的结晶性　　　　　　　　　　　D. 糖的保藏性

57. （　　）可吸收面团中的养分生长繁殖，并产生二氧化碳，使面团形成膨大、松软、蜂窝状的组织结构。

A. 面筋质　　　　B. 淀粉酶　　　　C. 膨松剂　　　　D. 酵母

58. 下列不是水在面包生产中所起的作用的是（　　）。

A. 增加面筋的密度，提高面筋的筋力

B. 使面粉的蛋白质充分吸水，形成面筋网络

C. 使面粉中的淀粉受热吸水糊化

D. 促进淀粉酶对淀粉分解，帮助酵母生长繁殖

59. （　　）可以增加面团中面筋的密度，增强弹性，提高面筋的筋力。

A. 糖　　　　　　B. 水　　　　　　C. 盐　　　　　　D. 酵母

60. （　　）就是采用两次搅拌面团，两次发酵的工艺方法。

A. 快速发酵　　　B. 直接发酵　　　C. 间接发酵　　　D. 同速发酵

61. 下列说法错误的是（　　）。

A. 搅拌面团时，加入葡萄干后，应多搅拌一段时间

B. 搅拌面团时，要控制水温，夏季宜用冰水调制

C. 制作软质面包的面粉使用前要过筛

D. 搅拌面团时，不论搅拌过度还是搅拌不足都可能导致面包体积小

62. 果冻液倒入模具时，应避免起沫，否则（　　）。

A. 果冻冷却时间长　　　　　　　　　B. 果冻冷却后弹性差

C. 冷却后影响成品的美观　　　　　　D. 易使果冻液溢出

63. 面包进行中间醒发时，其环境温度以（　　），相对湿度为 70%~75% 为宜。

A. 15~20℃　　　　　　　　　　　　B. 20~25℃

C. 25~30℃　　　　　　　　　　　　D. 30~35℃

64. 搓制面包面团时，下列说法不正确的是（　　）。

A. 双手动作要协调，用力均匀　　　　B. 搓条要粗细均匀

C. 搓的时间要稍长，搓均匀　　　　　D. 搓时用力不宜过猛，以免断裂

65. 在实际工作中要根据混酥制品的（　　）、内部原料组织构成等因素合理调节烤炉上下火的温度以及烘烤的时间，以确保制品的质量。

　　A．形态与大小　　　　　　　　　　B．水分含量

　　C．体积大小、厚薄　　　　　　　　D．组织密度

66. 烘烤清蛋糕时，要注意盛装的清蛋糕面糊的烤盘（　　）。

　　A．不要放在烤箱中心部位　　　　　B．不要放在热源中心

　　C．是否排列紧凑　　　　　　　　　D．不要与烤箱壁接触

67. 果冻定型的质量与吉利丁的用量、定型的温度和（　　）有关。

　　A．果冻液的组成　　　　　　　　　B．模具的材料

　　C．定型的时间　　　　　　　　　　D．定型的环境条件

68. 一般来讲，温度越高，果冻定型所需的（　　）。

　　A．时间也就越短　　　　　　　　　B．吉利丁也就越多

　　C．时间也就越长　　　　　　　　　D．吉利丁也就越少

69. 软质面包的烘烤温度一般为（　　）。

　　A．170~180℃　　　　　　　　　　B．180~190℃

　　C．190~200℃　　　　　　　　　　D．200~230℃

70. 在制作软质面包时，下列说法错误的是（　　）。

　　A．给表面刷蛋液的量以蛋液不从面坯表面流下为宜

　　B．在面包醒发时，要及时将烤箱调到所需的温度

　　C．烘烤面包时要经常打开烤箱门

　　D．烘烤面包前，要了解面包的性质和配方中原料的成分

71. 装盘是西式面点甜点（　　）的第一步。

　　A．制作工艺　　　　　　　　　　　B．定型工艺

　　C．装饰工艺　　　　　　　　　　　D．成熟工艺

72. 甜点装盘时，下列说法错误的是（　　）。

　　A．盘子应干净、无破损

　　B．装盘后盘子四周应无汤汁

　　C．装盘后的甜点应尽快上桌

　　D．除饰品外，所有主料、配料都不得露在盘子的外沿

73. 下列都属于装饰造型类制品的是（　　）。

　　A．巧克力糖棍、面包篮、糖粉盒　　B．面包篮、动物模型巧克力、糖粉盒

　　C．巧克力糖棍、杏仁膏花、果冻　　D．杏仁膏花、巧克力排、糖粉盒

74. 职业道德是社会主义道德原则在职业生活和（　　）中的具体体现。

A．社会生活　　　　　　　　　　　B．社会关系

C．职业守则　　　　　　　　　　　D．职业关系

75．职业道德具有广泛性、（　　）、实践性和具体性。

A．一致性　　　B．多样性　　　C．个体性　　　D．形象性

76．由于吃了含细菌毒素的食物引起的食物中毒称（　　）食物中毒。

A．感染型　　　B．毒素型　　　C．过敏型　　　D．自发型

77．未煮熟的豆浆中容易引起食物中毒的有毒物质是（　　）。

A．龙葵素　　　　　　　　　　　　B．氢氰酸

C．胰蛋白酶抑制素　　　　　　　　D．秋水仙碱

78．人体摄入（　　）的甲醇可引起严重中毒。

A．5~10mL　　B．10~15mL　　C．15~20mL　　D．20~25mL

79．鲜蛋的卫生问题主要是（　　）污染和微生物引起的腐败变质。

A．副溶血性弧菌　　B．大肠杆菌　　C．沙门氏菌　　D．葡萄球菌

80．下列属于人工合成色素的是（　　）。

A．焦糖　　　B．叶绿素　　　C．胡萝卜素　　　D．柠檬黄

81．我国规定亚硝酸盐在食品中的最大用量为（　　）g/kg。

A．0.15　　　B．0.2　　　C．0.25　　　D．0.3

82．违反厨房卫生规程的做法是（　　）。

A．用手勺直接品尝菜肴　　　　　　B．专布专用

C．操作时不戴手表　　　　　　　　D．冷菜间切配时戴口罩

83．下列不能在烹饪储藏室存放的是（　　）。

A．水果罐头　　　B．灭鼠药　　　C．鸡蛋　　　D．调味品

84．人体营养中最重要的必需脂肪酸是（　　）。

A．油酸　　　B．亚麻酸　　　C．亚油酸　　　D．花生四烯酸

85．动物油营养价值比植物油营养价值低的原因之一是（　　）。

A．饱和脂肪酸含量高　　　　　　　B．饱和脂肪酸含量低

C．熔点低　　　　　　　　　　　　D．维生素含量多

86．在脂肪的日供给量50g中动物脂肪应占（　　）。

A．1/2　　　B．1/3　　　C．2/3　　　D．3/4

87．下列选项中属于非必需氨基酸的是（　　）。

A．蛋氨酸　　　B．谷氨酸　　　C．苏氨酸　　　D．亮氨酸

88．人体每日摄入的蛋白质，应占进食总热量的（　　）。

A．10%~15%　　B．20%~25%　　C．30%~40%　　D．60%~70%

89. 维生素是维持机体正常代谢所必需的一类低分子（　　）。

    A. 碳水化合物　　　　B. 无机化合物　　　　C. 化合物　　　　　　D. 有机化合物

90. "Whisk"是指（　　）的意思。

    A. 搅拌　　　　　　　B. 刮平　　　　　　　C. 抽打　　　　　　　D. 擀

91. 擀面杖的英文为（　　）。

    A. Sheet　　　　　　B. Rolling pin　　　　C. Tea spoon　　　　D. Knife

92. "Butter"是指（　　）。

    A. 奶油　　　　　　　B. 人造黄油　　　　　C. 奶酪　　　　　　　D. 起酥油

93. "Cheese"是指（　　）。

    A. 奶酪　　　　　　　B. 黄油　　　　　　　C. 布丁　　　　　　　D. 酸奶

94. "Flour"是指（　　）。

    A. 糖　　　　　　　　B. 盐　　　　　　　　C. 鱼胶　　　　　　　D. 面粉

95. "Vanilla"的中文意思为（　　）。

    A. 淀粉　　　　　　　B. 调味品　　　　　　C. 香草香精　　　　　D. 糖浆

96. 起酥的英文名称是（　　）。

    A. Cream puff　　　　B. Puff pastry　　　　C. Pastry cream　　　D. Muffin

97. "Mousse"是指（　　）。

    A. 面条　　　　　　　B. 慕斯　　　　　　　C. 吐司　　　　　　　D. 少司

98. 面点间食品存放必须做到（　　），成品与半成品分开，并保持容器的清洁卫生。

    A. 不同原料分开　　　　　　　　　　　B. 不同成品分开

    C. 不同半成品分开　　　　　　　　　　D. 生与熟分开

99. 西式面点是以（　　）为主要原料，加一定的辅料，经过一定加工而成的营养食品。

    A. 面粉、油脂、水果和乳品

    B. 面粉、糖、油脂、鸡蛋和乳品

    C. 面粉、糖、油脂、巧克力和鸡蛋

    D. 面粉、糖、油脂、巧克力和乳品

100. 面粉的"熟化"是指面粉在贮存期间，空气中的氧气自动氧化面粉中的（　　），并使面粉中的还原性氢团转化为双硫键，从而使面粉色泽变白，面粉的性能得到改善。

    A. 蛋白质　　　　　　B. 淀粉　　　　　　　C. 脂肪　　　　　　　D. 色素

二、判断题

1. 竞争的实质是科技和资金的竞争。（　　）

2. 食物中毒是指食用各种被有毒有害物质污染的食品后发生的慢性疾病的总称。（　　）

3. 由于鱼肉含有较多的水分和蛋白质，故容易腐败变质。（　　）

4. 动物性原料中的铁比植物性原料中的铁容易被吸收。（　　）

5. 在厨房范围内，菜点成本是指构成产品的人工耗费之和。（　　）

6. 保证产品质量是成本核算的基本条件之一。（　　）

7. 以毛利率为基数的定价方法称毛利率法。（　　）

8. 成本毛利率又称成本率。（　　）

9. "Baking oven"的意思是烤炉。（　　）

10. "Molder"的中文意思是成型机。（　　）

11. "Whole wheat milk"的中文意思是全麦粉。（　　）

12. "Divide"是分割的意思。（　　）

13. 机械设备、工具、工作台要做到木见本色铁见光，保证没有污物。（　　）

14. 机器分割面团的速度较快，重量也较准确，但对面团内面筋有一定的损伤。（　　）

15. 面点间员工要求，男不留胡须，女不染指甲。（　　）

16. 面点间员工操作时不戴戒指、手镯、手表，更不允许涂指甲油。（　　）

17. 面粉颜色越白，精度越高，维生素含量也越高。（　　）

18. 白砂糖为白色粒状晶体，纯度高，蔗糖含量在 99% 以上。（　　）

19. 制作意大利黄油酱时，在向蛋清里倒入糖水时，应顺着缸边成一条直线倒入，以免不小心将糖液倒在转动的搅拌机抽子上。（　　）

20. 在调制混酥面坯时，为增强混酥面坯的酥松性，可加大油脂的用量或加入适量的膨松剂。（　　）

21. 混酥面的酥松是由于面粉颗粒间形成油脂膜，不能形成面筋网络，这种面坯随着不断摩擦，内部会充满空气，烘烤时受热膨胀，制品从而产生酥松性。（　　）

22. 制作混酥面坯时，当面坯加入面粉后如果搅拌过久，面粉会产生筋性，影响成型和烘烤后产品的质量。（　　）

23. 制作混酥面坯时，应选用颗粒细小的糖制品，如细砂糖、绵白糖或糖粉。（　　）

24. 混酥面坯制成后需要冷却是因为刚调制好的面团温度较高，不利于下一步的操作。（　　）

25. 搅打蛋白时，过分搅打会破坏蛋白胶体物质的韧性，使其保持气体的能力下降。（　　）

26. 采用蛋清、蛋黄分开搅拌法调制蛋糕面糊时，蛋清、蛋黄分别搅拌好后，将过筛的面粉倒在蛋清糊表面拌匀，最后将蛋黄糊放入搅拌均匀。（　　）

27. 果冻是不含脂肪和乳质的冷冻食品。（　　）

28. 面团搅拌过度，会破坏面团中面筋质的结构，使面团过分湿润、粘手，对整形操作造成困难。（　　）

29. 擀是借助于工具将面团擀成制品所需的形状的操作手法。（　　）

30. 在擀制混酥面坯时，应尽量多擀制几次，将面坯擀制均匀、平整。（　　）

31. 蛋糕糊的填充量是由模具的大小和蛋糕糊的胀发度决定的，一般以填充模具的六成满为宜。（　　）

32. 搓圆就是把分割的面团通过手工或滚圆机揉搓成圆形的工艺过程。（　　）

33. 在面团分割的过程中，不论是手工分割还是机器分割，都要动作迅速。（　　）

34. 对于意大利杏仁巧克力派这类较大较厚的制品，在烘烤时自进烤炉，到烘烤完成应全部以上火为辅、下火为主。（　　）

35. 制作好的水果塔或水果派要求有相应的水果香味。（　　）

36. 由于天使蛋糕含其他配料少，所以天使蛋糕烘烤所需的温度要比其他清蛋糕低。（　　）

37. 构图是食品艺术创作中的前期准备，是创作前的立意。（　　）

38. 尽职尽责的"尽"就是要求用最大的努力克服困难去完成职责。（　　）

39. 竞争是不符合人类根本利益的行为，因而是不道德行为。（　　）

40. 食品被细菌毒素、霉菌毒素污染，一般会引起慢性中毒。（　　）

41. 醋酸菌十分有利于食醋的贮存。（　　）

42. 即将换洗的衣物不能用食品容器盛放。（　　）

43. 谷类碾轧加工得越精细，其营养价值越高。（　　）

44. 中国居民膳食宝塔是根据中国居民的饮食习惯设计的。（　　）

45. 安全电压是指施加于人体上一定时间不会造成人体死亡的电压。（　　）

46. 微波炉不能靠近磁性材料，以防止干扰。（　　）

47. 擦拭地面应采用"倒退法"，以免踩脏刚刚擦拭的地面。（　　）

48. 西点按其用途分类，可分为零售点心、宴会点心、酒会点心、自助餐点心和茶点。（　　）

49. 杏仁膏柔软细腻、气味香醇，是制作西点的高级原料。（　　）

50. 面点间员工要求佩戴名牌，且佩戴位置要明显。（　　）

51. 面点间员工做到工作前和便后严格按程序洗手，就可保持手的清洁。（　　）

52. 蔗糖极易结晶，为防止结晶可加入适量的柠檬酸。（　　）

53. 在面点制作中使用最多的蛋品是鲜鸡蛋。（　　）

54. 对于外形大小相同的蛋，重者为新鲜蛋，轻者为陈蛋。（　　）

55. 动物脂奶油是从鲜牛奶中分离而成的乳制品。（　　）

56. 全蛋海绵蛋糕除了使用蛋清外，还使用蛋黄，有的海绵蛋糕配方中还要加少量的液体如牛奶、水或熔化的黄油等。（　　）

57. 果冻是用糖、水和鱼胶粉或琼脂，按一定比例调制而成的冷冻甜食。（　　）

58. 在软质面包面团中添加蛋、奶能对发酵的面团起润滑作用，使面包制品的体积膨大而

疏松。（　　　）

59. 如果调制面包面团所需的面粉是优质、无杂质的，一般不需要过筛。（　　　）

60. 擀制面团时要用力适当，掌握平衡。（　　　）

61. 混酥面坯的成型好坏，直接影响到混酥制品的质量和外观。（　　　）

62. 在用烤盘盛装蛋糕糊之前，应在烤盘中垫一层油纸或刷一层油。（　　　）

63. 我们在使用果冻模具时，大多选择大的、简单的模具，以确保成品应有的造型和食用质量。（　　　）

64. 一般情况下，烘烤有馅料的双皮派时，烘烤时间要相对长一些。（　　　）

65. 派的外形一般有单层派和双层派之分。（　　　）

66. 制作好的果冻应形态完整、透明有光泽，制品硬度适中，口感滑润。（　　　）

67. 在软质面包烘烤过程中，要经常打开烤箱门，让部分水蒸气逸出。（　　　）

68. 软质面包成品内部应该是组织松软，蜂窝均匀。（　　　）

69. 小型酒会甜点码放时要在每一块小甜点下面加一个纸杯。（　　　）

70. 风味餐厅自助餐甜点装盘一般随意性较强，但要形散而神不散。（　　　）

71. 如果使用玻璃杯盛放宴会套餐甜点，要保证每一杯内的甜点分量相等。（　　　）

72. 派的外形一般有单层派和双层派之分。（　　　）

73. 道德是以善恶为标准，调节人们之间和个人与社会之间关系的行为规范。（　　　）

74. 职业道德是人们在特定的职业活动中所应遵循的行为规范的总和。（　　　）

75. 商业从业售货员的"货真价实、公平交易"是其行业职业道德的具体要求。（　　　）

76. 糖类的主要食物来源是谷类和根茎类食品，蔬菜类是果糖的主要来源。（　　　）

77. 含不饱和脂肪酸多的油脂在常温下一般为液态。（　　　）

78. 无机盐可维持神经和肌肉的正常功能。（　　　）

79. 进食酸性水果不会引起机体酸碱平衡的紊乱。（　　　）

80. 企业只有降低成本才能获得更多的利润。（　　　）

81. 毛利额与成本的比率称成本毛利率。（　　　）

82. 燃烧必须在可燃物质、助燃剂和火源同时存在的情况下才能够发生。（　　　）

83. 要保持空调外部清洁，并要定期清洁设备内部的过滤器等。（　　　）

84. 黄油的英文名称是"Butter"。（　　　）

85. 面点间员工取得健康证后即可上岗。（　　　）

86. 札干细腻、洁白、可塑性好，是制作大型点心模型、展品的主要原料。（　　　）

87. 在调制蛋黄黄油酱时，一定要待蛋黄液完全冷却后，才可加入到黄油中。（　　　）

88. 清蛋糕又称天使蛋糕，是蛋糕类最常见的品种之一。（　　　）

89. 果冻液的调制方法，根据所用凝固原料的不同，常见的有使用果冻粉调制和使用吉利

丁调制两种。（　　）

90. 制作果冻时，鱼胶粉一定要溶化彻底，不能有疙瘩。（　　）

91. 面团在搅拌时，空气的不断进入，使面团所含蛋白质内的硫氢键被氧化成分子间的双硫键，从而使面筋形成了三维空间结构。（　　）

92. 盐可以在发酵面团中调节发酵速度，没有盐的面团发酵极不稳定，容易发酵过度，发酵的时间难以掌握。（　　）

93. 清蛋糕面糊放入模具后应马上进行烘烤，而且要避免剧烈的振动。（　　）

94. 虽然果冻的成型是依靠模具完成的，但果冻的形状与所用模具的大小、形态、冷却时间有关。（　　）

95. 将油脂和面粉混合时，不宜过多搓揉，以防形成面筋网络，影响质量。（　　）

96. 面包的最后成型及美化装饰，决定了成品的色泽。（　　）

97. 混酥制品的成熟多采用烘烤成熟的方法。（　　）

98. 清蛋糕面糊中油脂配料越多，所需的烘烤温度就越低，时间也就越长。（　　）

99. 果冻定型的质量仅与吉利丁的用量有关。（　　）

100. 餐厅零点甜点一般多用瓷制餐盘盛放。（　　）

西式面点师（初级）理论知识试卷

注 意 事 项

1. 考试时间：90min。

2. 请按要求在试卷的标封处填写您的姓名、准考证号和所在单位的名称。

3. 请仔细阅读回答要求，在规定的位置填写答案。

	一	二	总 分
得 分			

得 分	
评分人	

一、单项选择题（第 1 题～第 80 题。选择一个正确的答案，将相应的字母填入题中的括号内。每题 1 分，满分 80 分）

1. （　）不是植物油比动物油营养价值高的原因。

　　A. 饱和脂肪酸含量高　　　　　　　　　B. 不饱和脂肪酸含量高

　　C. 熔点低　　　　　　　　　　　　　　D. 维生素含量多

2. （　）为面团中酵母的生长提供了养分，从而提高了面团发酵过程中产生二氧化碳气体的能力。

　　A. 淀粉的糊化　　　B. 面粉的糖化　　　C. 面粉的熟化　　　D. 淀粉的转化

3. 道德是人类社会生活中依据社会舆论、（　）和内心信念，以善恶评价为标准的意识、规范、行为和活动的总称。

　　A. 国家法律　　　B. 社会法则　　　C. 传统习惯　　　D. 个人约定

4. （　）一般多用瓷制餐盘盛装。

　　A. 小型酒会甜点　　　B. 大型展览会　　　C. 大型宴会　　　D. 餐厅零点

5. （　）又称明胶、鱼胶。

　　A. 琼脂　　　B. 冻胶　　　C. 胶粉　　　D. 吉利丁

6. （　）可以增加面团中面筋的密度，增强弹性，提高面筋的筋力。

　　A. 糖　　　B. 水　　　C. 盐　　　D. 酵母

7. （   ）可吸收面团中的养分生长繁殖，并产生二氧化碳，使面团形成膨大、松软、蜂窝状的组织结构。

    A．面筋质   B．淀粉酶   C．膨松剂   D．酵母

8. （   ）在人体内氧化时所产生的水叫代谢水。

    A．糖类、脂类、蛋白质   B．糖类、脂类、维生素

    C．糖类、无机盐、蛋白质   D．矿物质、脂类、蛋白质

9. （   ）在盐浓度为3%时最宜生长繁殖。

    A．霉菌   B．副溶血性弧菌   C．沙门氏菌   D．大肠杆菌

10. 我国规定亚硝酸盐在食品中的最大用量为（   ）g/kg。

    A．0.15   B．0.2   C．0.25   D．0.3

11. （   ）是一种油酥面饼，内含水果和馅料，常用圆形模具作为坯模。

    A．泡芙   B．慕斯   C．巴菲   D．派

12. （   ）是以氢化油为主要原料，添加适量的牛乳或乳制品、香料、乳化剂、防腐剂等，经混合、乳化等工序而制成的。

    A．起酥油   B．人造黄油   C．色拉油   D．白脱油

13. （   ）是以油酥面团为坯料，借助模具，通过制坯、烘烤、装饰等工艺制成的内盛水果或馅料的一类较小型的点心。

    A．布丁   B．苏夫力   C．气鼓   D．塔

14. （   ）是以鸡蛋、糖、油脂、面粉等为主要原料，配以辅料，经一系列加工而制成的松软点心。

    A．混酥类   B．泡芙类   C．蛋糕类   D．面包类

15. （   ）是先将油脂和糖一起搅拌，然后再加入鸡蛋、面粉等原料的调制工艺方法。

    A．油蛋糖调制法   B．油面调制法

    C．油糖调制法   D．油蛋调制法

16. （   ）是刀与制品处于垂直状态，在向下压的同时前后推拉，反复数次后切断的切法。

    A．直刀切   B．垂刀切   C．推拉切   D．斜刀切

17. （   ）是反映食品被粪便污染的指标。

    A．细菌总数   B．细菌菌相   C．大肠菌群   D．内分泌腺

18. （   ）是在用黄油、面粉、白糖、鸡蛋等主要原料调制成面坯的基础上，经擀制、成型、成熟、装饰等工艺制成的一类酥而无层的点心。

    A．蛋糕类   B．面包类   C．清酥类   D．混酥类

19. （   ）是完全靠吉利丁的凝胶作用凝固而成的冷冻甜点。

    A．巴菲   B．果冻   C．冷苏夫力   D．布丁

20. （ ）是指食用各种被有毒有害物质污染的食品后发生的急性疾病。

  A．职业病   B．呕吐   C．食物中毒   D．腹泻

21. （ ）是按产品要求把面团做成一定形状的工艺。

  A．分割   B．擀   C．成型   D．捏

22. （ ）是用全蛋液、糖搅打与面粉混合在一起制成的膨松制品。

  A．天使蛋糕   B．奶油蛋糕   C．清蛋糕   D．油蛋糕

23. （ ）是用糖、水和鱼胶粉或琼脂，按一定比例调制而成的冷冻甜食。

  A．慕斯   B．冷苏夫力   C．巴菲   D．果冻

24. （ ）是西式面点甜点装饰工艺的第一步，也是最基本的装饰工艺。

  A．涂抹   B．裱形   C．装盘   D．淋挂

25. （ ）是违反设备安全操作规程的错误做法。

  A．电烤箱使用完毕后切断总电源

  B．将微波炉放在干燥、通风、阻燃的地方使用

  C．使用塑料容器作为微波炉加工工具

  D．用电饭锅的铝制内锅存放酸梅汤

26. （ ）环境，可通过生物富集作用作用于人体。

  A．微生物   B．昆虫污染

  C．化学农药污染   D．食品添加剂污染

27. （ ）的卫生问题主要是微生物污染与生霉。

  A．食盐   B．白糖   C．醋   D．酱油

28. （ ）蛋白质在体内生理氧化可产生 16.7kJ 的热量。

  A．1mg   B．1g   C．10g   D．100g

29. −1℃左右，保存 5~14 天的鱼称为（ ）。

  A．冷却鱼   B．冷冻鱼   C．鲜鱼   D．冰鲜鱼

30. 一般成年人每日应吃到（ ）以上的新鲜蔬菜和 100~200g 的水果。

  A．100g   B．300g   C．500g   D．900g

31. "Add salt"的意思是（ ）。

  A．发粉   B．加盐   C．琼脂   D．加糖

32. "Agar"是指（ ）。

  A．发粉   B．乳糖   C．琼脂   D．胚芽

33. "Brush"的中文意思为（ ）。

  A．炸   B．打   C．煮   D．刷

34. "Condensed milk"是指（ ）。

A．奶粉　　　　　B．浓缩奶　　　　C．炼乳　　　　D．奶油

35．"Flour"是指（　　）。

　　A．糖　　　　　　B．盐　　　　　　C．鱼胶　　　　D．面粉

36．"Honey"是指（　　）。

　　A．砂糖　　　　　B．蜂蜜　　　　　C．饴糖　　　　D．甜味

37．"knife"是指（　　）。

　　A．秤　　　　　　B．叉子　　　　　C．杯子　　　　D．刀

38．"Piping bag"是指（　　）。

　　A．裱花袋　　　　B．裱花嘴　　　　C．面粉袋　　　D．物料袋

39．"Pudding"是指（　　）。

　　A．泡芙　　　　　B．慕斯　　　　　C．布丁　　　　D．巴菲

40．"Sheetpan"是指（　　）。

　　A．平烤盘　　　　B．烤架　　　　　C．平底锅　　　D．茶匙

41．"Sponge cake"是指（　　）。

　　A．沙蛋糕　　　　B．天使蛋糕　　　C．海绵蛋糕　　D．奶酪蛋糕

42．"Strawberry"是指（　　）。

　　A．蓝莓　　　　　B．胡桃　　　　　C．草莓　　　　D．梨

43．"Toasted bread"的意思是（　　）。

　　A．庆贺蛋糕　　　B．烤面包　　　　C．热面包　　　D．制作面包

44．"Vanilla"的中文意思为（　　）。

　　A．淀粉　　　　　B．调味品　　　　C．香草香精　　D．糖浆

45．"Whisk"是（　　）的意思。

　　A．搅拌　　　　　B．刮平　　　　　C．抽打　　　　D．擀

46．"奶油"用英文表示为（　　）。

　　A．Butter　　　　B．Suger　　　　　C．Plantoil　　　D．Oil

47．"足价蛋白"一般是指（　　）。

　　A．蛋类蛋白　　　B．奶类　　　　　C．鱼类　　　　D．禽类

48．一般情况下，下列制品其烘烤温度最高的是（　　）。

　　A．汉堡包坯　　　B．蜂蜜蛋糕　　　C．双皮派　　　D．杏仁塔

49．一般来讲，温度越低，果冻定型所需的（　　）。

　　A．时间也就越短　　　　　　　　　　B．吉利丁也就越多

　　C．时间也就越长　　　　　　　　　　D．吉利丁也就越少

50．一般软质面包的含水量平均在（　　）为合适。

A. 70%~74%　　　　　　　　　　　B. 58%~62%

C. 65%~70%　　　　　　　　　　　D. 48%~52%

51. 下列（　　）不是烹饪从业人员必须具备的道德品质。

A. 遵纪守法　　　　　　　　　　　B. 廉洁奉公

C. 孝敬父母　　　　　　　　　　　D. 货真价实

52. 下列不属于化学膨松剂的是（　　）。

A. 碳酸氢钠　　　　　　　　　　　B. 碳酸氢铵

C. 干酵母　　　　　　　　　　　　D. 泡打粉

53. 下列不属于面点间员工个人着装的总体要求的是（　　）。

A. 干净、整齐、不露发迹

B. 领带整洁、名牌端正

C. 工作服、工作帽穿戴工整，系好风纪扣

D. 男不留胡须，女不染指甲

54. 下列不是面团的面筋质所起的作用的是（　　）。

A. 承受面团发酵过程中二氧化硫气体的膨胀

B. 提高面团的保气能力

C. 提高面团的可塑性

D. 阻止二氧化硫气体的逸出

55. 下列不属于食品存放"四隔离"制度的是（　　）。

A. 生熟隔离

B. 食品与天然冰隔离

C. 食物与杂物、药物隔离

D. 动物与植物原料隔离

56. 下列不能在烹饪储藏室存放的是（　　）。

A. 水果罐头　　　　　　　　　　　B. 灭鼠药

C. 鸡蛋　　　　　　　　　　　　　D. 调味品

57. 下列不违反厨房卫生规程的做法是（　　）。

A. 在更衣室存放个人物品

B. 用手勺直接品尝菜肴

C. 非工作时间在操作间吸烟

D. 将私人物品带入操作间

58. 下列属于糖类不具备的生理功能的是（　　）。

A. 供给热能　　　　　　　　　　　B. 调节水代谢

C. 保护肝脏　　　　　　　　　　　　D. 润肠，解毒

59. 下列操作错误的是（　　　）。

A. 用手直接向绞肉机送料

B. 机器使用完毕后，切断电源，对机器清洗消毒

C. 发现机器有异常响动，马上停机，切断电源

D. 使用绞肉机加工肉馅时，将骨头剔除干净

60. 果冻液倒入模具时，应避免起沫，否则（　　　）。

A. 果冻冷却时间长　　　　　　　　　B. 果冻冷却后弹性差

C. 冷却后影响成品的美观　　　　　　D. 易使果冻液溢出

61. 面包进行中间醒发时，其环境温度以（　　　），相对湿度为 70%~75% 为宜。

A. 15~20℃　　　　　　　　　　　　B. 20~25℃

C. 25~30℃　　　　　　　　　　　　D. 30~35℃

62. 搓制面包面团时，下列说法不正确的是（　　　）。

A. 双手动作要协调，用力均匀　　　　B. 搓条要粗细均匀

C. 搓的时间要稍长，搓均匀　　　　　D. 搓时用力不宜过猛，以免断裂

63. 在实际工作中要根据混酥制品的（　　　）、内部原料组织构成等因素合理调节烤炉上下
火的温度以及烘烤的时间，以确保制品的质量。

A. 形态与大小　　　　　　　　　　　B. 水分含量

C. 体积大小、厚薄　　　　　　　　　D. 组织密度

64. 烘烤清蛋糕时，要注意盛装的清蛋糕面糊的烤盘（　　　）。

A. 不要放在烤箱中心部位　　　　　　B. 不要放在热源中心

C. 是否排列紧凑　　　　　　　　　　D. 不要与烤箱壁接触

65. 果冻定型的质量与吉利丁的用量、定型的温度和（　　　）有关。

A. 果冻液的组成　　　　　　　　　　B. 模具的材料

C. 定型的时间　　　　　　　　　　　D. 定型的环境条件

66. 成型时，采用（　　　）的工艺方法可使烘烤出来的制品呈现爆裂的效果。

A. 割　　　　　　　　　　　　　　　B. 抹

C. 切　　　　　　　　　　　　　　　D. 撒

67. 蛋糕糊在模具中的充填量过少，会影响（　　　）。

A. 蛋糕类制品的松软度

B. 蛋糕类制品的膨胀度

C. 蛋糕类制品表面的色泽

D. 蛋糕类制品烘烤过度

68. 蛋糕类包括清蛋糕、油蛋糕、（   ）和风味蛋糕。

    A．巧克力蛋糕   B．海绵蛋糕

    C．艺术蛋糕   D．黑森林蛋糕

69. 在"割"制混酥面坯时，如果（   ），往往会破坏混酥面坯表面结构，影响成品的美观。

    A．不能轻柔快速   B．用力太大、过猛

    C．不能一次性成功   D．缓慢切割

70. 如果制作面包时面团缺少盐，则会出现（   ）。

    A．发酵速度缓慢   B．醒发后面团会下塌

    C．面包体积小   D．烘烤时体积收缩

71. 制作软质面包的面粉在使用前要过筛，下列不属于面粉过筛的目的的是（   ）。

    A．除去杂质

    B．使面粉形成松散细腻的微粒

    C．降低面粉的温度

    D．带入一定量的空气，有利于酵母菌的生长繁殖，促进面团发酵

72. 清蛋糕面糊搅拌时要合理控制搅拌温度，温度过高，蛋液会变得（   ）。

    A．稀薄、黏性差，无法保持气体

    B．黏稠，搅拌时不易带入空气

    C．稀薄、弹性差，无法膨胀

    D．黏性大、不易打起泡

73. 杏仁膏是用杏仁、砂糖加适量（   ）或白兰地酒制成的。

    A．葡萄酒   B．罗木酒   C．啤酒   D．黑加仑酒

74. 焙烤百分比的百分比总量（   ）。

    A．不超过 100%   B．等于 100%   C．超过 100%   D．不能确定

75. 检查夹有馅心的混酥制品是否成熟，首先要（   ），然后再决定是否出炉。

    A．看制品表面成熟程度   B．看制品底部成熟程度

    C．看制品表面的着色程度   D．看馅心是否成熟

76. （   ）是将揉好的面团改变成长条状，或将面粉与油脂融合在一起的操作手法。

    A．和   B．擀   C．卷   D．搓

77. 如果面包面团不经过最后醒发就立即进行烘烤，烘烤出来的面包一般不会是（   ）。

    A．体积小，内部组织粗糙，颗粒紧密

    B．体积小，内部组织疏松，顶部形成硬壳

    C．体积大，内部组织细密，顶部形成硬壳

    D．体积大，内部组织疏松、柔软

78. (　　) 成型时选择模具的范围比较广泛，可根据需要掌握。

    A. 奶油蛋糕　　　　　B. 黄油蛋糕　　　　　C. 面包　　　　　D. 清蛋糕

79. 面包面团经过中间醒发后，体积慢慢膨大，质地逐渐变软，这时即可进行面包的（　　）操作。

    A. 成型　　　　　　　B. 滚圆　　　　　　　C. 装盘　　　　　D. 醒发

80. 混酥面坯制成后，应放到冷藏冰箱中冷却，其目的是：一是使面团内部水分能充分均匀吸收，二是促使黄油凝固，易于面坯成型，三是能使（　　）。

    A. 上劲的面团得到松弛　　　　　　　　　B. 面团的韧性增强

    C. 面坯的保质期延长　　　　　　　　　　D. 烘烤时易产生金黄色

得　分	
评分人	

二、**判断题**（第 81 题～第 100 题。将判断结果填入括号中。正确的填 "√"，错误的填 "×"。每题 1 分，满分 20 分）

81. "Dark cherry" 是指黑樱桃。（　　）

82. 一般情况下，烘烤有馅料的双皮派时，烘烤时间要相对长一些。（　　）

83. 为使面团重新产气、膨松，得到制品所需的形状和较好的食用品质，大多面包制品需最后的醒发过程。（　　）

84. 使用水果制作果冻时，我们要尽量少用或不用含酸性物质多的水果。（　　）

85. 使用高质量、高品质、造型独特的餐具盛放大型展览会甜点时，不仅可以显示出使用者非同一般的想象力和艺术修养，也可以更加突出甜点的精美、高雅。（　　）

86. 全蛋搅拌法常常将蛋液抽打至原体积的 2 倍左右。（　　）

87. 冷冻甜食都是通过冷冻搅拌而制得的食品。（　　）

88. 切是借助于工具将制品分离成型的一种方法。（　　）

89. 利用吉利丁的凝胶特性，使用不同的模具就可生产出风格、形态各异的果冻。（　　）

90. 刮黄油球时应掌握好黄油的软硬度，太硬易破裂，太软则刮不出形状，一般来讲，冷藏冰箱保存的黄油较适合。（　　）

91. "Whole wheat milk" 的中文意思是全麦粉。（　　）

92. 制作果冻时，鱼胶粉一定要溶化彻底，不能有疙瘩。（　　）

117

西式面点师（初级）理论知识试卷

93. 搅打蛋白时，过分搅打会破坏蛋白胶体物质的韧性，使其保持气体的能力下降。(   )

94. 制作混酥面坯时，当面坯加入面粉后如果搅拌过久，面粉会产生筋性，影响成型和烘烤后产品的质量。(   )

95. 制作清蛋糕面糊时，使用的鸡蛋要新鲜，因为新鲜鸡蛋保持气体的性能较稳定，从而提高清蛋糕的膨松性。(   )

96. 厨房的设备必须经过培训才能操作。(   )

97. 各行各业都必须有体现行业内在要求的职业道德规范。(   )

98. 含不饱和脂肪酸多的油脂在常温下一般为液态。(   )

99. 含油脂较多的食品在夏季不符合卫生要求的条件下保存，也有油脂发生酸败的可能。(   )

100. 盐可以在发酵面团中调节发酵速度，没有盐的面团发酵极不稳定，容易发酵过度，发酵的时间难以掌握。(   )

参考答案

模 拟 题

一、单项选择题

1. B　2. B　3. D　4. A　5. B　6. B　7. B　8. D　9. C　10. A　11. B　12. D　13. A　14. B　15. C　16. D
17. B　18. C　19. D　20. B　21. A　22. B　23. D　24. B　25. B　26. C　27. D　28. B　29. A　30. B
31. C　32. B　33. C　34. A　35. C　36. C　37. B　38. B　39. C　40. C　41. C　42. C　43. D　44. C
45. A　46. D　47. B　48. C　49. B　50. A　51. C　52. C　53. C　54. D　55. C　56. A　57. D　58. A
59. C　60. C　61. A　62. C　63. C　64. C　65. C　66. D　67. C　68. C　69. C　70. C　71. C　72. D
73. A　74. D　75. B　76. B　77. C　78. A　79. C　80. D　81. A　82. A　83. B　84. C　85. A　86. B
87. B　88. A　89. D　90. C　91. B　92. A　93. A　94. D　95. C　96. B　97. B　98. D　99. B　100. D

二、判断题

1. ×　2. ×　3. √　4. √　5. √　6. ×　7. √　8. ×　9. √　10. √　11. ×　12. √　13. √
14. √　15. √　16. √　17. ×　18. √　19. √　20. √　21. √　22. √　23. √　24. ×　25. √
26. √　27. √　28. √　29. ×　30. ×　31. ×　32. √　33. √　34. ×　35. √　36. ×　37. √
38. √　39. ×　40. ×　41. ×　42. √　43. ×　44. ×　45. ×　46. √　47. √　48. √　49. √
50. √　51. ×　52. √　53. √　54. √　55. √　56. √　57. √　58. √　59. ×　60. √　61. √
62. √　63. ×　64. √　65. √　66. √　67. ×　68. √　69. √　70. √　71. √　72. √　73. √
74. √　75. √　76. ×　77. √　78. √　79. ×　80. √　81. √　82. √　83. √　84. √　85. ×
86. √　87. √　88. ×　89. √　90. √　91. √　92. √　93. √　94. √　95. √　96. √　97. √
98. √　99. ×　100. √

西式面点师（初级）理论知识试卷

一、单项选择题

1. A　2. B　3. C　4. D　5. D　6. C　7. D　8. A　9. B　10. A　11. D　12. B　13. D　14. C　15. C　16. C
17. C　18. D　19. B　20. C　21. C　22. C　23. D　24. C　25. D　26. C　27. D　28. B　29. A　30. C
31. B　32. C　33. D　34. C　35. D　36. B　37. D　38. A　39. C　40. A　41. C　42. C　43. B　44. C
45. C　46. A　47. A　48. A　49. A　50. C　51. C　52. C　53. B　54. C　55. B　56. C　57. A　58. B
59. A　60. C　61. C　62. C　63. C　64. D　65. C　66. A　67. C　68. C　69. C　70. B　71. C　72. A
73. B　74. C　75. B　76. D　77. D　78. D　79. A　80. A

二、判断题

81. √　82. √　83. √　84. √　85. √　86. ×　87. ×　88. √　89. √　90. ×　91. ×　92. √　93. √
94. √　95. √　96. √　97. √　98. √　99. √　100. √

参考文献

[1] 史见孟 . 西式面点师（五级）[M]. 2 版 . 北京：中国劳动社会保障出版社，2013.

[2] 人力资源社会保障部教材办公室 . 西式面点师（初级 中级 高级）[M]. 北京：中国劳动社会保障出版社，2020.

[3] 王森，朋福东，龚鑫 . 面包教科书 [M]. 北京：中国轻工业出版社，2019.

[4] 王森 . 蛋糕大全 [M]. 青岛：青岛出版社，2014.

[5] 王森 . 饮品大全 [M]. 青岛：青岛出版社，2015.